夫馬賢治

JN053997

超入門カーボンニュートラル

講談社＋α新書
プラスアルファ

はじめに　カーボンニュートラルがつくる新時代

カーボンニュートラルで追い込まれる会社、追い風になる会社

人は新しい情報に触れたとき、自分に都合よく解釈してしまいがちだ。このことを「確証バイアス」と言ったりする。わたしたちは新しい情報に出くわしたとき、自分の既存の知識を用いて都合よく解釈し、きちんと理解をする前に勝手に内容や善悪を判断してしまったりする。

「カーボンニュートラル」もその一つだ。たとえば、これは新しい流行語（バズワード）だと言う人がいる。こういう人は、「カーボンニュートラル」が、2006年というかなり前に、世界的に人気のある英語辞典『新オックスフォード米語辞典』で「今年の言葉」に選ばれた事実を知らなかったりする。カーボンニュートラルという言葉は、世界的に急に生み出されたわけでもなんでもなく、ただ単に最近まで日本人が知らなかっただけだ。

この「カーボンニュートラル」という環境用語が、急にメディアの中で頻発するようにな

った。しかも、政治の世界だけではなく、経済の分野でだ。

日本で最も力のある経済団体である日本経済団体連合会（経団連）は、従来、環境政策には積極的ではなかった。むしろ環境政策は経済の足枷《あしかせ》と認識されてきた。地球温暖化で悪者にされている化石燃料についても、天然資源の乏しい日本は、経済大国を維持するにはエネルギーを調達するため化石燃料を積極的に確保すべきだと考えてきた。

しかし2021年2月には、中西宏明・経団連会長（日立製作所会長）が「（エネルギーの）安全性を前提とした安定供給や経済性よりもカーボンニュートラルを最優先にしなければいけない」と発言している。そして、カーボンニュートラルを積極的に進めるよう、他の経団連加盟企業を説得していることまで明らかにしている（2021年2月22日、日本経済新聞インタビュー）。これほどまでに、経済界にとってカーボンニュートラルは密接なテーマとなった。

しかし、このカーボンニュートラルの潮流がもたらす「破壊力」を、ほとんどの人はきちんと理解していない。実は今、この巨大な世界潮流を前に、日本の産業界は危機に追いやられている。カーボンニュートラルという波を巧みに乗りこなせなければ、大企業だけでなく、中小企業ですら、会社も事業もたちまち吹き飛んでしまいかねない状況が日に日に近づいてきている。

その一方で、いち早くカーボンニュートラルという潮流を察知した企業たちは、その恩恵を受けている。今、国連は2050年までにカーボンニュートラルを実現することにコミットする企業を増やすため「Race to Zero」というキャンペーンを展開しているのだが、このキャンペーンに世界の名だたる企業が我先にと参加を表明しているのをご存知だろうか（8ページの「加盟企業の例」を参照）。世界の大手上場企業2000社のうち417社（21%）が、すでに2020年3月時点でカーボンニュートラル目標を発表している[1]。

2000年前後に世界を席巻したIT革命では、マイクロソフト、アップル、グーグルが急速に勢力を拡大し、日本で独自に開発されていたOSやソフトウェアを葬り去ってしまった。さらに今ではTikTokなどの中国製アプリまでもが、日本国民の日常に入ってきている。これが今度はカーボンニュートラルによって新たな革命が始まっているのだ。日本は、うかうかしていると、デジタル技術だけでなく、ものづくりまでもが海外製に変わっていってしまうかもしれない。その影響は地方の町工場や農家にも及ぶ。そして残念なことに、わ

1　Energy & Climate Intelligence Unit(2021) "Taking stock: a global assessment of net zero targets"

たしたちはこの大きな潮流から逃れることができないのだ。

カーボンニュートラルは環境用語から経済用語に

カーボンニュートラルという言葉は、少し前までは環境活動家だけが口にする言葉だった。20世紀後半に「地球の資源には限界がある」ことが認識されると、気候変動や資源枯渇に警鐘を鳴らす人たちが出現した。そして地球温暖化の原因が、人間社会が排出している温室効果ガスであることを科学的に突き止め、温室効果ガスの排出量をゼロにしようと提唱し始めた。温室効果ガスと呼ばれる化学物質には複数の種類があるが、その中でも代表格の「二酸化炭素」は温室効果ガスの代名詞となり、「二酸化炭素ゼロ」「脱炭素」「炭素ゼロ」「ゼロカーボン」が合言葉となった。そして、人間社会が排出する二酸化炭素を、プラス・マイナス・ゼロにしようという「カーボンニュートラル」の概念が現れた。

しかし、いまでは環境活動家だけでなく経済界までもが「カーボンニュートラル」を口にするようになった。このことは、環境問題が大きな経済問題として認識されてきたことを意味している。また最近では、金融界もカーボンニュートラルを意識するようになり、もはや株価や金融政策にまで影響を及ぼすようになった。

繰り返しになるが、カーボンニュートラルは、いまや経済界や金融界の用語になっている。この言葉が持つ「破壊力」を理解していなければ、まともな事業計画を立てることも、経済政策を議論することも、さらには良い就職先を選ぶことも、良い投資をすることもできなくなる。

２０２０年に地球を襲った新型コロナウイルスは、ひとたび経済活動が滞ればわたしたちの生活は急速に傷んでいくことをわたしたちに知らしめた。同様にカーボンニュートラルという大波が経済に与える影響を理解していなければ、わたしたちは生活の方向性すら見いだせなくなってしまう。

日本でカーボンニュートラルが急速に広がったきっかけ

日本でカーボンニュートラルという言葉が一気に広がるきっかけになったのは、２０２０年9月に日本政府トップに就任した菅義偉首相の発言だ。10月26日に国会でおこなった所信表明演説の中で、「２０５０年カーボンニュートラルを目指す」と宣言した。

ときの総理の発言は、メディアを通じて瞬時に拡散されていく。この宣言も経済界にすぐに波及した。菅首相の演説からわずか1ヵ月あまり後の12月7日、経団連は会長・副会長会

Race to Zeroの加盟企業の例

アマゾン、フェイスブック、IBM、SAP、Uber、NIKE、アディダス、アメリカンイーグル、リーバイ・ストラウス、H&M、ラルフローレン、バーバリー、シャネル、ロレアル、ユニリーバ、ネスレ、ダノン、ペプシコ、フォード、GM、イケア、鴻海精密工業（台湾）、京東物流（中国）、新世界発展（香港）、太古地産業（香港）、マヒンドラ・グループ（インド）、ダルミア・セメント（インド）、インフォシス（インド）、ウィプロ（インド）、チャロン・ポカパン・グループ（タイ）など1675社［2021年4月時点］。日本企業では、味の素、アシックス、アスクル、小野薬品工業、キリンホールディングス、ソニー、ニコン、日立製作所、ファーストリテイリング、丸井グループ、リコー、YKKなど。

議を開き、「２０５０年カーボンニュートラル実現に向けて」という提言を採択する。その中で経団連として積極的にカーボンニュートラルを実現させていくことを高らかにうたった。

　しかも、この提言には、さらに踏み込んで「経団連として、２０５０年カーボンニュートラルに対するスタンスを示す必要があると考えていたところ、菅総理が所信表明演説で２０５０年カーボンニュートラルを宣言された」[2]という文章まで盛り込まれていた。すなわち菅首相が２０５０年カーボンニュートラルを打ち出したから経団連も渋々賛同したのではどうやらないようだ。むしろ菅政権が打ち出す前から経団連として言う準備をしていたという。

　だが、事の重大さを知るために、菅首相や経団連が声明を発表したタイミングをよく思い出してみてほしい。誰もが知っているように、菅首相や経団連がカーボンニュートラルを打ち出した2020年後半は、新型コロナウイルス・パンデミックという前代未聞の事態に社会全体が苦しんでいた真っ最中。新聞紙面には、大企業でのリストラ、自殺者数の増加、医療崩壊、飲食店や観光業での倒産などのニュースが増えてきていた。それなのに、このタイミングでカーボンニュートラルという気候変動対応政策が、政府からも経団連からも声高に叫ばれた。巷《ちまた》では「このタイミングで環境問題など気にしている場合ではない」という声もたくさん噴出していたのにもかかわらず。では、なぜこのタイミングだったのか。

おそらく、状況の展開が急すぎて、何が起きているかを飲み込めずにいる人は少なくないだろう。だが、新型コロナウイルスによる経済打撃、東京オリンピック・パラリンピック開催是非という2つの難題を抱えた菅政権が「2050年カーボンニュートラル」を不意に打ち出した背景には、世界規模での経済競争や地政学的観点からの大きな事情があった。シンプルに言えば、菅政権は「2050年カーボンニュートラル」を自ら打ち出したのではな

2　日本経済団体連合会（2020）〝定例記者会見における中西会長発言要旨〟https://www.keidanren.or.jp/speech/kaiken/2020/1207.html

く、将来にわたって日本経済を守るために、打ち出さざるをえなかったのだ。

わたしたちはいま、とてつもなく大きな時代の転換点にいる。それに早く気づいた者だけが、これからの時代をリードしていくことができる。

超入門カーボンニュートラル／目次

はじめに　カーボンニュートラルがつくる新時代　3

カーボンニュートラルで追い込まれる会社、追い風になる会社　3

カーボンニュートラルは環境用語から経済用語に　6

日本でカーボンニュートラルが急速に広がったきっかけ　7

第1章　「カーボンニュートラル」って、つまり何？

1　カーボンニュートラルと「実質ゼロ」　18

2　世界の気温上昇の原因をめぐる論争　19

3　大災害による保険損害額が急上昇　23

4　気候変動がもたらす日本社会・経済への影響　26

環境省の気候変動影響評価報告書が示す未来　26

農林水産業――収量と品質の低下　28
水環境と自然災害――水インフラの危機　29
健康と感染症――生態系の変化で新たな感染ルートができる　30
産業――食品流通が不安定に　31
2015年から2020年で未来予測が悪化　33
気候変動による金融危機リスク　34
グローバル経済は複雑につながっている　34
中央銀行さえ為す術がなくなる　37
気候変動が金融システムに与える恐るべき影響　40
国際決済銀行と中央銀行の役割が変わる　43
動き出した金融監督当局の対策　44
FRBが出したもう一つの重要レポート　48
日本の金融当局の動向　51

第2章　温室効果ガスをどう減らす？

1 温室効果ガスとは何か 54
2 温室効果ガスの発生源 56
3 カーボンニュートラルの具体的な手法 62
①植林・森林管理——まだ日本の24倍の面積に植林できる 64
②ブルーカーボン——二酸化炭素の55%は海洋植物が吸収 66
③バイオ炭《たん》——田畑に撒くと土壌の養分を豊富に 68
④直接空気回収(DAC)——大型換気扇で二酸化炭素を吸引 69
⑤バイオエコノミー——植物を資源にして化石燃料に代替 70
気温上昇社会の未来図 73

第3章 資本主義は環境にとって悪なのか?

1 気候変動対策と経済成長のデカップリング 80
資本主義が気候変動を引き起こしている説は正しいか? 80
経済成長思想は資本主義特有のものではない 80
経済成長と気候変動はデカップリングできる 84

2 リープフロッグ 88

第4章 投資家と銀行が迫るカーボンニュートラル

1 ESG投資が重視するのが気候変動 96
2 巨額プロ投資家の実像 99
3 クライメート・アクション100+(プラス) 102
4 ネットゼロ・アセットオーナー・アライアンス 107
5 銀行によるカーボンニュートラルの動き 110
国連責任銀行原則(PRB) 110
グリーンローン 113
サステナビリティ・リンク・ローン(SLL) 114
ポジティブ・インパクト・ファイナンス(PIF) 114
6 著名な気候変動活動家も資本主義の作法に従う 115
7 日本政府の反応 116
菅首相の所信表明演説までに何があったのか 116

第5章 カーボンニュートラル政策による各産業への影響

1 電力——全電力をまかなえるほどの洋上風力発電ポテンシャル 126
2 交通・運輸——EV化の流れは止まらず 133
3 ICT産業——AI活用でデータセンター電力消費量を40%削減 141
4 鉄鋼——製鉄大手でも水素と電炉へ 144
5 非鉄金属——資源サイクルの課題克服がカギ 147
6 石油化学——進むケミカルリサイクル 148
7 セメント——二酸化炭素排出量を70%削減するコンクリート生産法 153
8 紙・パルプ——他素材から紙製へのシフト 154
9 冷媒——代替フロンからノンフロンへ 155
10 建物・不動産——超高層でも鉄筋コンクリート造から木造へ 157
11 食品・農業——食料増産の難易度が上がる時代にできること 161
12 ライフスタイル——サーキュラーエコノミーでの行動変革 166

13　製品ライフサイクルアセスメントという確認方法　170

第6章　カーボンニュートラルと地政学

1　ヨーロッパ――復権に向けイノベーションを強制　174
2　中国――排出量削減と経済力強化が結びつけば恐ろしいほどの力に　179
3　アメリカ――グリーンニューディール政策で中国を追い抜けるか　183
4　中東――脱化石燃料化で現実視される政情不安　187
5　激化する国家間競争　189
おわりに　資本主義の未来と日本　193
ニュー資本主義　193
陰謀論　198
脱資本主義　201
オールド資本主義　204

第1章　「カーボンニュートラル」って、つまり何？

1　カーボンニュートラルと「実質ゼロ」

そもそも「カーボンニュートラル」とは何なのだろうか。これは、地球の気温上昇を抑えるために、温室効果ガスの排出量をプラス・マイナス・ゼロにするということを指す。

たとえば、石油を燃やすと、石油に含まれる炭素成分が燃焼反応で酸素と結合し、二酸化炭素になる。二酸化炭素は温室効果ガスの一つだ。つまり、石油を燃やすと温室効果ガスが排出され、大気中の二酸化炭素の濃度は上昇する。一方、植物を育てると、植物は葉の気孔から大気中の二酸化炭素を取り込み、幹や枝、葉の成分に転換するので、大気中の二酸化炭素濃度は下がる。

二酸化炭素の大気中への排出分を「プラス」、大気からの吸収分を「マイナス」と定義すると、プラス分をマイナス分で相殺できれば、プラス・マイナスはゼロになる。この状態がまさに「ニュートラル（中立）」という状態になる。

英語では、プラス分とマイナス分の両方を合算したあとの変化量のことを指して「ネット」という。そのため、カーボンニュートラルは「ネットゼロ」とも表現される。日本語では「ネット」のことを「実質」「正味」「純」とも訳すので、カーボンニュートラルのことを日本語では「実質ゼロ」「正味ゼロ」と言ったりもする。

では、なぜカーボンニュートラルがここにきて急速に話題になってきたのか。

2　世界の気温上昇の原因をめぐる論争

世界の気温は、図1のようにどんどん上昇している。このグラフは米英欧日の気象当局が実際に観測した年間平均気温の推移を示したものだ。[3] 地球は1850年以降に気温が上昇し、2016年、2019年、2020年の3年が過去最高レベルの気温となった。1850年から1900年までの平均（これを「産業革命前」と呼ぶ）と比べると、気温はすでに1・2℃上昇している。たかが1・2℃と思うかもしれないが、地球にとって1・2℃は巨大な変化だ。

では、気温上昇の原因は何か。これについても科学者の間ではすでに結論が出ている。2

3　WMO (2021) "2020 was one of three warmest years on record" https://public.wmo.int/en/media/press-release/2020-was-one-of-three-warmest-years-record

［図1］世界平均気温の推移（1850〜2020年）

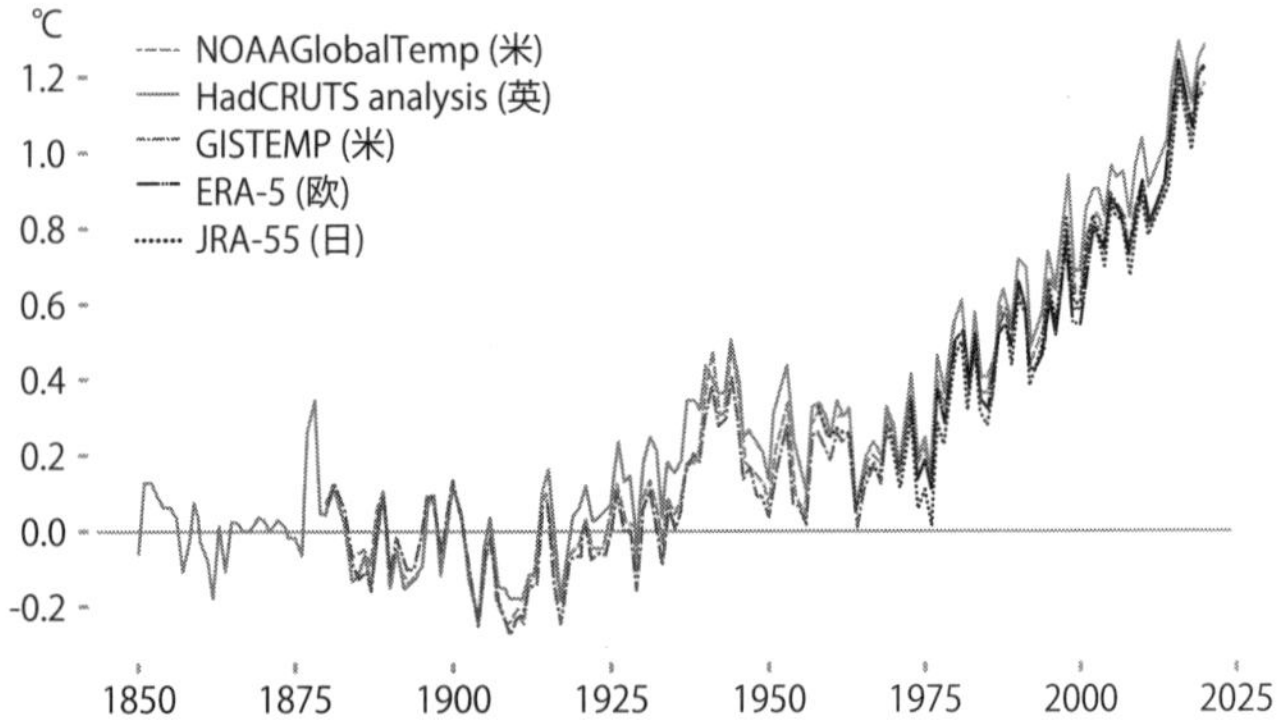

（出所）WMO を基に著者和訳
WMO（2021）“2020 was one of three warmest years on record”
https://public.wmo.int/en/media/press-release/2020-was-one-of-three-warmest-years-record

014年に世界中の専門科学者が集まるグループ「気候変動に関する政府間パネル（IPCC）」は、気温上昇の原因は人間社会の温室効果ガス排出である確率が95％以上と結論づけている。[4] アメリカでも、米航空宇宙局（NASA）によると、科学者の97％以上が人間の社会活動により気温が上昇していることに同意している。[5] もちろん科学の真理は多数決で決まるものではないが、大多数の科学者が人間の社会活動が原因で気温が上昇していると結論づけていることがわかる。

それでも日本では気候変動に関して懐疑派が多いことも事実だ。たとえば、中部大学の武田邦彦特任教授は早くから気候変動には懐疑的な発言を繰り返してきた。それに対し、国立環境研究所の江守正多地球環境研究センター副センター長は、先に紹介したIPCCの結論や、最新の気象学の研究成果をもとに、気温上昇の原因は人間社会の温室効果ガス排出である確率がきわめて高いことを積極的に世に伝えてきた。

では武田氏と江守氏はどちらが「正しい」のだろうか。この両氏は、ジャーナリストの枝廣淳子氏を加えた3者で、2010年に『温暖化論のホンネ』（技術評論社）という本を共同

4　IPCC (2014) "AR5 Synthesis Report: Climate Change 2014"
5　NASA (2020) "Scientific Consensus: Earth's Climate Is Warming"

出版している。この本の企画は脅威論と懐疑論が率直に意見を交わすというもので、非常に興味深いことに、このときすでに両者は一定の合意にたどり着いている。

武田氏は、この本の中で「地球の気温が上がっているということ、そして気温上昇にCO_2が関与しているということの2つについては異論はありません」と述べており、原因となっている二酸化炭素の出所が人間の社会活動であることについても「7割がた」はその通りだろうと話している。残りの3割ほどについては、何が原因かはわからないが、それ以外の可能性もあるのではないかという見解だった。このように武田氏は、2010年の時点で、二酸化炭素の排出で気温上昇が起きていることと、二酸化炭素の排出が増えている原因の多くが人間社会の活動であることを、認めていたのだ。

この本が出版された2010年には、IPCCの最新の分析結果は、2007年段階での結論で、気温上昇の原因は「人間社会の温室効果ガス排出である確率が90％以上」だった。そしてこの本の出版の4年後には、IPCCは「人間社会の温室効果ガス排出である確率が95％以上」と発表し、二酸化炭素の排出が増えている原因は人間社会の活動であることの確率がさらに上がった。日本に多くいる気候変動懐疑派の主張は、もはや科学的根拠を失ってしまっている。

それでも日本では気候変動懐疑派の言論は後を絶たない。世界の75億人のうち、懐疑派がたとえ1％しかいなかったとしても7500万人もいる計算になる。これらの人たちは、多数派の意見を敵対視するネタを集めている人が多く、関連本の購入意欲も高い。日本の人口1億2000万人でも、1％の読者をつかめば120万人。さらにそのうちの1％が購入しただけでも、懐疑派関連本は1万2000冊のヒット作となる。出版不況の昨今、熱心な購買層のいる本は根強い出版需要がある。

懐疑派の本が出版され続けていることや、武田氏のように社会的ステータスの高い人に懐疑派がいるということと、科学者の間で気候変動懐疑論が支持されていることはイコールではない。むしろ、どれだけ日本で本や記事が出ようとも、気候変動懐疑論が世界の科学者たちにほとんど支持されていないということを、わたしたちは肝に銘じておく必要がある。

3　大災害による保険損害額が急上昇

実際に大災害での保険損害額は年々増加傾向にある。図2は「地震／津波」「気候関連大災害」「人災」の3つの推移をグラフにしたものだが、このうちほとんどが気候災害だということがわかる。この気候災害には、台風・ハリケーン（大西洋の台風）・サイクロン（インド洋の台風）や、豪雨、豪雪、洪水、山火事、旱魃《かんばつ》、熱波など気候に関わる自然災害がすべて含まれている。わたしたちは日頃、自然災害というと地震災害のほうに意識が向かいがちだが、実際には気候災害のほうがその何倍も脅威なのだ。

１９７０年からの長期スパンで見ると、気候災害での損害額は右肩上がりの傾向にある。まず１９９０年を過ぎたあたりから保険損害額がそれまでの２・５倍ほどの水準にまで増加し、２００５年からはさらにそこから2倍ほどの水準にまで上がった。このうちの多くは、台風・ハリケーン・サイクロンによるもので、巨大な台風が一気に社会を破壊していった様子がみえてくる。

特に２０１１年の数字に注目してほしい。この地震／津波災害の大半は東日本大震災によるものだが、それでも２０１１年の気候災害損害額は地震／津波災害を上回っていた。２０１１年にはタイで大きな洪水があったことも大きい。東日本大震災のあった２０１１年と比較しても、２００５年と２０１７年には、気候災害だけで東日本大震災の約２・５倍ものダメージを与えていることには、驚くばかりだ。

図の折れ線グラフが示している10年移動平均からも、保険損害額は年々右肩上がりに増加

［図2］世界の大災害での保険損害額の推移

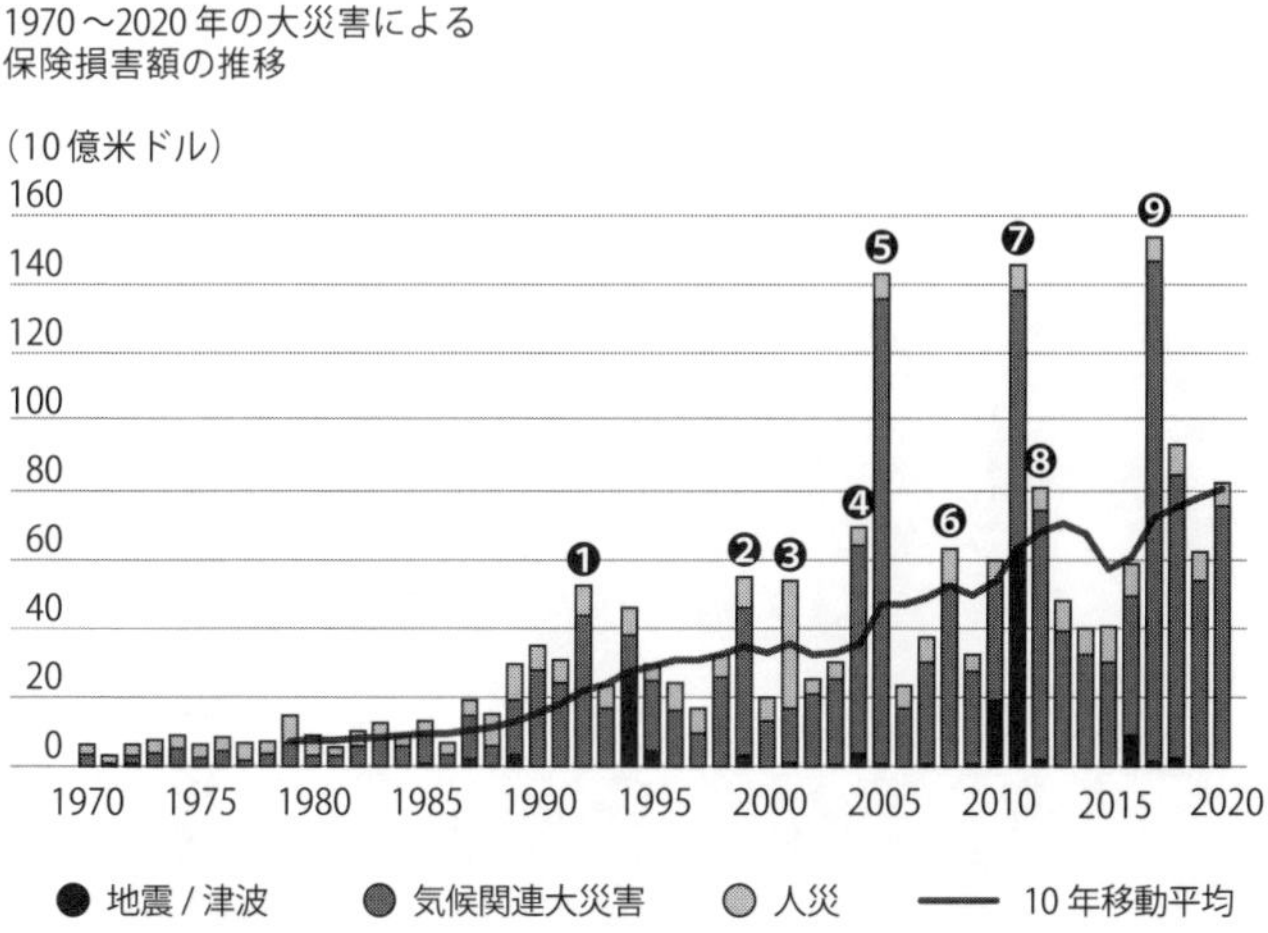

1　1992年：ハリケーン・アンドリュー
2　1999年：冬の嵐ロタール
3　2001年：ワールド・トレード・センター
4　2004年：ハリケーン・アイバン、チャーリー、フランシス
5　2005年：ハリケーン・カトリーナ、リタ、ウィルマ
6　2008年：ハリケーン・アイク、グスタフ
7　2011年：日本、ニュージーランドの地震、タイの洪水
8　2012年：ハリケーン・サンディ
9　2017年：ハリケーン・ハービー、イルマ、マリア

（出所）スイス再保険を基に著者加工

している様子がよくわかる。このように気候災害損害額は明確な上昇傾向にある。

4　気候変動がもたらす日本社会・経済への影響

環境省の気候変動影響評価報告書が示す未来

では、今後さらに気温が上昇するとどうなるのか。環境省は２０２０年に、日本社会への影響について包括的に分析した報告書をまとめてくれている。その結果の一覧が表１だ[6]。

この一覧は、日本社会の未来はかなり厳しいものになることを示している。この表を作るために環境省は、各分野の専門家を招いて、いろいろな角度から気候変動が日本の経済、生活、健康、自然環境に与える影響をじっくり分析した。そして、危機レベルの度合いを、影響の大きさを示す「重大性」、対応が急を要する度合いを示す「緊急性」、悪影響を及ぼす確率を示す「確信度」の３つにわけて、わかりやすくまとめた。では、業種ごとの状況をみてみよう。

[表1] 気候変動影響評価の一覧

分野	大項目	No.	小項目	今回 (2020) 重大性	緊急性	確信度
農業・林業・水産業	農業	111	水稲	● ●	●	●
		112	野菜等	◆	●	▲
		113	果樹	● ●	●	●
		114	麦、大豆、飼料作物等	●	▲	▲
		115	畜産	●	●	▲
		116	病害虫・雑草等	●	●	●
		117	農業生産基盤	●	●	●
		118	食料需給	◆	▲	●
	林業	121	木材生産(人工林等)	●	●	▲
		122	特用林産物(きのこ類等)	●	●	▲
	水産業	131	回遊性魚介類(魚類等の生態)	●	●	▲
		132	増養殖業	●	●	▲
		133	沿岸域・内水面漁場環境等	● ●	●	▲
水環境・水資源	水環境	211	湖沼・ダム湖	◆ ●	▲	▲
		212	河川	◆	▲	■
		213	沿岸域及び閉鎖性海域	◆	▲	▲
	水資源	221	水供給(地表水)	● ●	●	●
		222	水供給(地下水)	●	▲	▲
		223	水需要	◆	▲	▲
自然生態系	陸域生態系	311	高山・亜高山帯	●	●	▲
		312	自然林・二次林	◆ ●	●	●
		313	里地・里山生態系	◆	●	■
		314	人工林	●	●	▲
		315	野生鳥獣の影響	●	●	■
		316	物質収支	●	▲	▲
	淡水生態系	321	湖沼	●	▲	■
		322	河川	●	▲	■
		323	湿原	●	▲	■
	沿岸生態系	331	亜熱帯	● ●	●	●
		332	温帯・亜寒帯	●	●	▲
	海洋生態系	341	海洋生態系	●	▲	■
	その他	351	生物季節	◆	●	●
		361	分布・個体群の変動	● ●	● ●	● ▲
	生態系サービス	371	—	●	—	—
			流域の栄養塩・懸濁物質の保持機能等	●	▲	■
			沿岸域の藻場生態系による水産資源の供給機能等	●	●	▲
			サンゴ礁によるEco-DRR機能等	●	●	●
			自然生態系と関連するレクリエーション機能等	●	▲	■
自然災害・沿岸域	河川	411	洪水	● ●	●	●
		412	内水	●	●	●
	沿岸	421	海面水位の上昇	●	▲	●
		422	高潮・高波	●	●	●
		423	海岸侵食	● ●	▲	●
	山地	431	土石流・地すべり等	●	●	●
	その他	441	強風等	●	●	▲
	複合的な災害影響	451	—			
健康	冬季の温暖化	511	冬季死亡率等	◆	▲	▲
	暑熱	521	死亡リスク等	●	●	●
		522	熱中症等	●	●	●
	感染症	531	水系・食品媒介性感染症	◆	▲	▲
		532	節足動物媒介感染症	●	●	▲
		533	その他の感染症	◆	■	■
	その他	541	温暖化と大気汚染の複合影響	◆	▲	▲
		542	脆弱性が高い集団への影響(高齢者・小児・基礎疾患有病者等)	●	●	▲
		543	その他の健康影響	◆	▲	▲
産業・経済活動	製造業	611	—	◆	■	■
	食品製造業			●	▲	▲
	エネルギー	621	エネルギー需給	◆	■	▲
	商業	631	—	◆	■	■
	小売業			◆	▲	▲
	金融・保険	641	—	●	▲	▲
	観光業	651	レジャー	◆	▲	●
	自然資源を活用したレジャー業			●	▲	●
	建設業	661	—	●	●	■
	医療	671	—	◆	▲	■
	その他	681	海外影響	◆	■	▲
		682	その他	—	—	—
国民生活・都市生活	都市インフラ、ライフライン等	711	水道、交通等	●	●	●
	文化・歴史などを感じる暮らし	721	生物季節・伝統行事 地場産業等	◆ —	● ●	● ▲
	その他	731	暑熱による生活への影響等	●	●	●

重大性(今回)	緊急性、確信度
●:特に重大な影響が認められる	●:高い
◆:影響が認められる	▲:中程度
—:現状では評価できない	■:低い
	—:現状では評価できない

(出所) 環境省(2020)「気候変動影響評価報告書(総説)」

農林水産業――収量と品質の低下

「農業・林業・水産業」は、植物や自然環境という「自然」そのものを相手にしているため、気候変化の影響を受けやすい。そのため、ほとんどの項目で、最もリスクレベルが高いことを示す「●」マークが並んでいる。

農林水産業への影響について、環境省の分析で書かれていることを少し紹介してみよう。まず、気温上昇でイネや果菜類の品質や収量（面積あたりの収穫量のこと）が低下し、さらに降雨パターンの変化による不作が懸念されている。リンゴは、2100年頃には、東北地方や長野県の主産地の平野部が栽培の適地ではなくなり、北海道で適地が広がることも予測されており、リンゴは青森の名産から北海道の名産に変わるかもしれない。ブドウ、モモ、オウトウ、ニホンナシも、現在の生産地での栽培が難しくなっていく。国産大豆も、さや数の減少や品質低下がすでに報告されている。

北海道では、気温上昇で今よりも作物の栽培がしやすくなる。2030年代には、てんさい、大豆、小豆の収量が増加する可能性がある。しかし、気温上昇により、病害の発生や品質低下も懸念されているため、必ずしも北海道の農業の未来が完全に楽観視できるわけではない。そして、北海道産が有名な小麦やジャガイモでは収量減少と品質低下が予測されている。

畜産では、日本は目下、国産ブランド肉の海外輸出に力を入れているが、気温上昇は、肉用牛、肉用豚、肉用鶏、採卵鶏の飼料摂取量や消化吸収能力を低下させ、肉質や卵の品質の低下をもたらすという予測が出ている。すると高級品としての国産ブランド肉の未来にも、このままいくと翳《かげ》りが出てきてしまう。

輸入品に頼っている農作物でも影響は大きい。日本が大量に輸入しているアメリカ産の小麦、大豆、トウモロコシでは、気候変化により、いずれも収量の大幅低下が予測されている。国際情勢が悪化すれば、アメリカから日本に輸出することができなくなるかもしれない。コメの主要産地タイでも、気温上昇に対する高い脆弱《ぜいじゃく》性が指摘されている。

水環境と自然災害——水インフラの危機

では次に、「水環境・水資源」と「自然災害・沿岸域」をみていこう。河川やダムのよう

6　環境省（2020）〝気候変動影響評価報告書（総説）〟

な水インフラは、重大性も緊急性も確信度も多くが「●」になっていて、問題がもはや避けられないことがわかる。昨今、台風や豪雨で洪水が頻発していることからも、そのことは理解できるだろう。したがってわたしたちは、今後どこに住むかについても真面目に考えなければいけなくなっている。しかも、水供給の重大性も「●」になっているので、洪水リスクが低い地域でも水道水が確保できなくなる可能性まで示されている。

健康と感染症——生態系の変化で新たな感染ルートができる

「健康」も「●」ばかりだ。猛暑による健康被害はわかりやすいかもしれない。夏の熱中症は、ときに人を死に至らせる。他にも注目していただきたいのは、ここに感染症があることだ。節足動物媒介感染症と書かれているのは、血を吸う蚊による感染症が有名で、マラリアやデング熱、ジカウイルス感染症、黄熱などが知られている。日本では予防接種によって今は減ったが、かつては日本脳炎が蚊の媒介によって猛威を振るっていた。

それ以外にも最近では、動物由来感染症（人獣共通感染症ともいう）が人間社会を大混乱に陥らせることも増えてきた。新型コロナウイルスやインフルエンザウイルスがこれに該当する。動物由来の感染症は動物から動物へと感染する中でウイルスが変異を起こし、ときに驚異的な感染力や致死力を持つものが出現する。それが人間に感染し始めると、まさに新型コロナウイルスのように大規模なパンデミックになる。

新型コロナウイルス感染症は、まだ感染源がはっきりしていない。だが、インフルエンザは、水鳥→豚→ヒトに感染することがわかっている。そして豚の飼養を世界各地でおこなうようになった結果、感染源の水鳥と豚の接触確率と、豚とヒトの接触確率が増え、インフルエンザが毎年のように流行するようになってしまった。

新型コロナウイルスが属しているコロナウイルスは、以前にもＳＡＲＳ（重症急性呼吸器症候群）やＭＥＲＳ（中東呼吸器症候群）を引き起こした。このときも人間の環境破壊が生態系を変化させてしまったことで、これまでは接触が少なかった動物同士が接触するようになり、新たな感染ルートができてしまったことが原因となっている。気候変動は、感染症リスクとも密接に関わっている。

産業——食品流通が不安定に

「産業・経済活動」でも、食品製造業、金融・保険、建設業は重大性が「●」になっている。各産業が影響を受ける様子は、図3をみていただきたい。たとえば、食品製造業では、

［図3］気候変動により想定される影響の概略図（産業・経済活動分野）

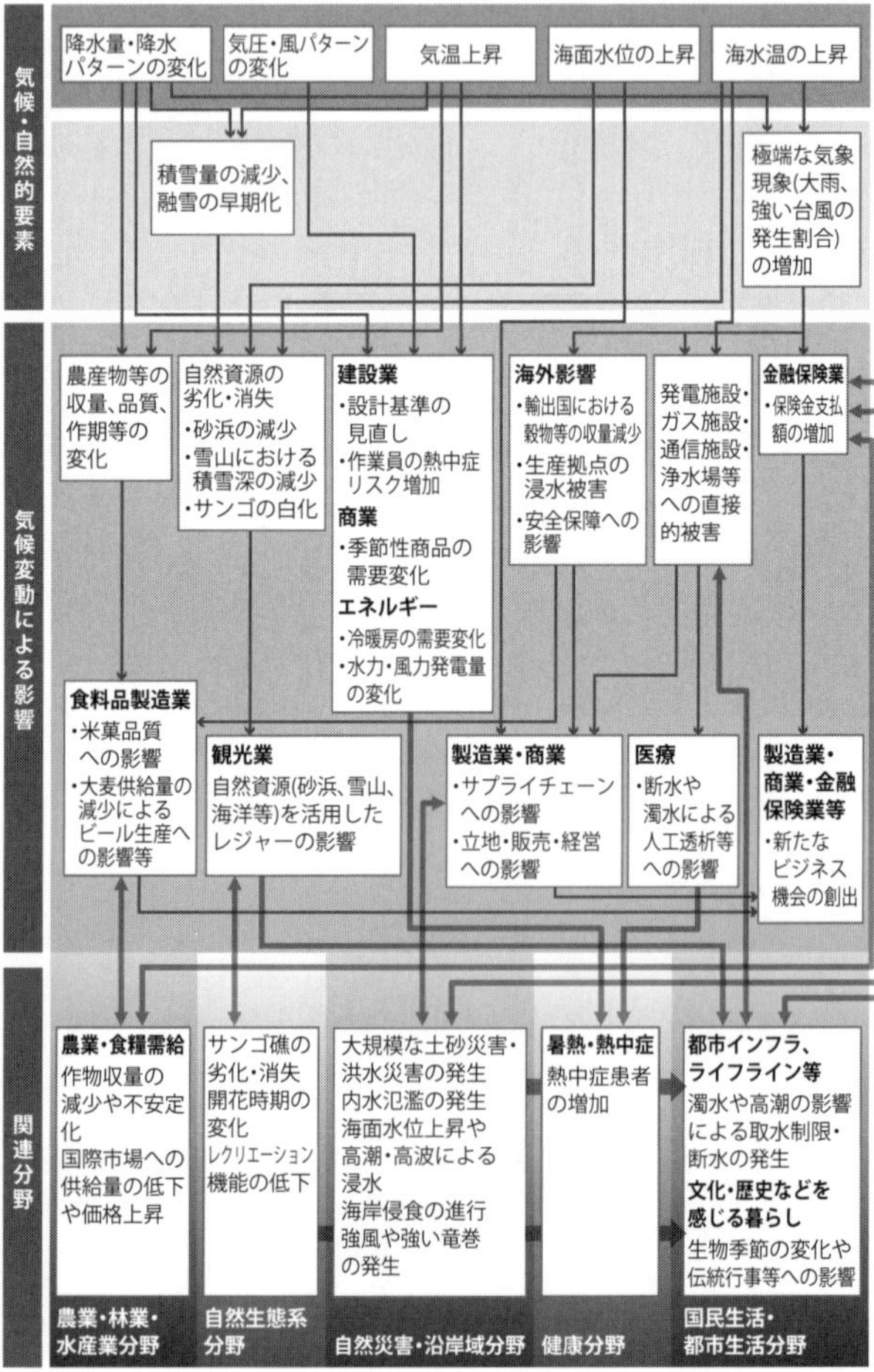

（出所）環境省（2020）「気候変動影響評価報告書（総説）」

農作物や食品原料の生産が減少することで食品流通が不安定になっていく。災害が増えれば保険会社の経営は厳しくなっていく。猛暑で建設業の屋外での作業スピードが落ちていく。

2015年から2020年で未来予測が悪化

実は環境省は、今回実施したものと同様の分析を2015年にも発表していた。2020年の二度目の分析では、最新の研究結果を反映させたところ、非常に多くの項目で見通しが前回よりも悪化していることがわかった。特に自然環境に依存する分野では悪化の程度が大きい。

気候変動を止めるためには、わたしたちは時代を遡り、昔ながらの自然環境の保全を重視した生活をおこなうべきという人は多い。ただし、その一方で、気候変動を着実に抑えることができないまま自然環境への依存度を大きくしてしまうと、わたしたちの社会は今よりもさらに不安定になってしまう。このような構造的な二律背反を、わたしたちはつねに理解しておく必要がある。

このように、気候変動に対応するためには、わたしたちはこれら2種類の対策を同時に展開することが必要になっている。そして、気候変動を抑えるための対策を「気候変動緩和」、気候変動が起きても耐えられるような社会づくりをする対策を「気候変動適応」という。ときには気候変動緩和と気候変動適応が矛盾することもある。たとえば、二酸化炭素排出量を削減するためには、電気を消費する冷暖房設備を使わないのも一つの方策だ。しかしそれでは、猛暑や強烈な寒波が来たら死者が続出してしまう。わたしたちには緩和と適応の双方を見据えた社会設計や技術開発が求められている。

5　気候変動による金融危機リスク

グローバル経済は複雑につながっている

前項では気候変動が各産業にもたらすダメージをみてきたが、経済システム全体に及ぼす影響はどの程度になるのだろうか。世界経済は、それぞれの産業が相互に関連しあっており、さらに貿易を通じて国境を越えて経済システムがつながっている。その上、モノだけでなく、カネの流れを扱う金融も含めると、世界はものすごく複雑に絡み合っている。

たとえば、日本人でも海外の企業の株式に投資している人がいるだろうし、日本政府が発行する国債も海外の投資家が保有していたりする。保険業界でも、日本の損害保険会社は、海外にある「再保険会社」と呼ばれる保険会社の保険会社に保険を引き受けてもらっていることが多い。シンプルに言えば、日本で災害が発生したときの損害保険の一部は、海外の保険会社によって支払われているのだ。

このようにわたしたちは、災害のリスクを国際的に分散することで、地球全体のリスクを人間社会全体で支え合っていたりもする。年金基金が国際的に分散投資しているのも同じ理由で、どこかの国で不測の事態があったり、経済が悪化したりしたときのダメージを、分散投資によってリスクヘッジし、年金加入者にしっかりと年金を支給できるようにしている。

このように複雑なグローバル経済の中で、気候変動が経済活動に破壊的な影響を及ぼすことがすでに予見されていたりする。特に2020年には世界の金融システムを管轄する2つの公的機関から、気候変動がもたらす金融危機リスクが相次いで発表されたことで、金融業界での気候変動に対する脅威認識は一段と大きく高まった。

1つ目の報告書の発表者は、国際決済銀行という国際機関だ。国際決済銀行は英語での略称で「BIS」とも呼ばれているのだが、おそらく多くの人は国際決済銀行という名前を一度も耳にしたことがないだろう。それもそのはずで、国際決済銀行はわたしたちの生活の中で直接的に接することがまずない、特殊な銀行だ。国際決済銀行の預金者は、日本銀行のような各国の中央銀行であって、企業にも生活者にもほとんど縁がない。

少し話が脱線するが、わたしたちはお金を預ける機関のことを「銀行」と呼ぶと学校で習う。そして「銀行の銀行」の役割を果たしているのが「中央銀行」だということも中学校ぐらいで習う。しかし実はその先にまだストーリーがあり、「中央銀行の銀行」の役割を果たしている機関があり、それが国際決済銀行だ。本部はスイスのバーゼルにあり、現在、日本銀行も含めた62ヵ国・地域の中央銀行が、国際決済銀行に預金口座を持っている。

国際決済銀行の誕生は古く、1930年。当時は1929年に発生した世界恐慌の影響で、世界の経済システムがきわめて不安定になり、主要国の中央銀行間の協力関係強化が求められていた時代だった。そこで国際決済銀行が設立された。国際決済銀行には中央銀行が口座を開設し、中央銀行の間でお金の送金をする場合、国際決済銀行を通じて、送金元の口座から送金先の口座にお金が振り込まれる。国際決済銀行が責任をもって送金処理をおこなってくれることで、中央銀行は安心して相手の中央銀行に送金ができる。

国際決済銀行の役割は、以前は国際送金が主だったが、最近では、金融市場や民間の金融機関の規制が主たる活動になってきている。たとえば、日本のメガバンク3行を含む世界の主要銀行を規制する「ＢＩＳ規制（バーゼル規制）」は、国際決済銀行が事務局を務めるバーゼル銀行監督委員会という国際機関がルールを作っている。さらに国際決済銀行は、為替の安定化、銀行間の資金決済の健全性と効率性の確保、グローバル金融システム全体の金融市場リスクの分析と監督などもおこなっている。いわば、グローバル金融システムにおける「中央銀行」と「金融庁」の役割を果たし、世界の金融システムの安定化にとっての要だ。

中央銀行さえ為す術がなくなる

この国際決済銀行が、2020年1月に『グリーン・スワン（緑の白鳥）』というレポートを突如として発表した。そしてレポートの中で、気候変動が巨大な金融危機を引き起こすリスクがあると世界に警鐘を鳴らした。金融制度の要である国際決済銀行が気候変動による金融危機に言及したことに、金融界は衝撃を受けた。

気候変動が金融・経済にもたらす影響には、大きく2種類がある。まず、気候変動による災害や自然環境の変化による経済ダメージ（これを「物理的リスク」という）。そしてもう一つが、気候変動を緩和しようと政府が産業転換を強いる政策を導入し、同時に企業や金融機関も自発的に産業転換を図ろうとすることによる経済システムへの影響（これを「移行リスク」という）。『グリーン・スワン』には、この物理的リスクと移行リスクの双方が、金融システムを不安定にしていくと書かれていた。

金融システムの大きな負担となり、危機的な状況に陥った最近の事例には、2008年のリーマンショックがある。このときは発生が予期できなかった未知のリスクが顕在化し、「ブラック・スワン（黒い白鳥）」という言葉がもてはやされた。みなさんは白鳥の色は白いのが当たり前と思っているかもしれないが、実はオーストラリアには黒い白鳥が存在しており、「コクチョウ」という日本名も付けられている。コクチョウは、オランダの船長ウィレム・デ・ブラミンが1697年にオーストラリアを探検したときに発見され、当時のヨーロッパ社会に大きな衝撃を与えた。そのことから、「あまりにもレア」「発生したときの影響が広範囲で甚大」「発生する前には具体的な影響把握が困難」な事象を指して「ブラック・スワン」と呼ぶようになった。

国際決済銀行のレポートのタイトルにもなった『グリーン・スワン』は、この「ブラック・スワン」をもじったものだ。「グリーン」は環境やエコの代名詞として使われる用語で、ここでは気候変動を表している。そして『グリーン・スワン』では、まさに気候変動が次の「ブラック・スワン」になりうるという内容が報告されている。

『グリーン・スワン』報告書の結論部には、少し重々しい内容が書かれているので、まずそちらを紹介しよう。

気候変動は、社会経済システムのガバナンスにとって未曾有の挑戦となる。気候変動に関連する物理的リスクと移行リスクがもたらす経済への潜在的な意味合いは、数十年間議論されてきたが、金融への意味合いについてはほぼ無視されてきた。

だが、過去数年にわたって、中央銀行や規制・監督当局は、気候変動が主要なシステミックな金融リスクの原因となることをますます認識してきた。十分に調整された野心的な気候政策がない中で、金融セクターの安定性に影響を与える物理的および移行リスクの重要性に対する認識が高まっている。現状のままでいれば、中央銀行が「気候変動から金融システムを守る最後の砦《とりで》」の役割を担うことになろうが、気候変動の不可逆的な影響に対して金融政策や財政政策でできる対策はほとんどないことを考えると、その役割は受け入れがたいものになるだろう。言い換えれば、気候変動によって引き起こされる新たな世界的金融危機の前では、中央銀行と金融監督当局は無力だ。

この内容は、グローバル金融システムの安定化を担う国際決済銀行として、かなり思い切ったものとなっている。気候変動で金融危機が起きてしまえば、金融当局には為す術がなくなってしまうというのは、きわめて重い発言だ。かつて、気候変動問題について、環境保護団体や国連の環境機関から警鐘を鳴らされたことは何度もあった。しかし、いまや金融を司《つかさど》る国際機関からも猛烈な危機感が示されている。これにより、世界各国の中央銀行は、一気に目が覚めていった。

気候変動が金融システムに与える恐るべき影響

では、国際決済銀行は何をそこまで恐れているのだろうか。『グリーン・スワン』では、気候変動の影響を気温上昇による影響と異常気象による影響の2つに分け、経済システムに及ぼす影響を大まかに見通している[7]（表2）。

たとえば災害や気候変動で大きな打撃を受けた企業は株価が下落する。すると、年金基金や保険会社の運用資産が大きく減少し、特に年金給付金や老齢保険給付に頼っている高齢者にとっては大きな打撃となる。レバレッジを効かせている個人投資家も自己破産に追いやられるかもしれない。株価が長期間低迷して、それにより経済が冷え込むと税収も落ち込み、

[表2] 気候変動が与える影響

		気温上昇による影響	異常気象による影響
需要側	投資	将来需要と気候リスクの不確実性	気候リスクの不確実性
	消費	苦境期の貯蓄増等の消費パターンの変化	住宅の洪水リスクの増加
	貿易	輸送や経済活動の変化による貿易パターンの変化	輸出入の中断
供給側	労働	異常熱波による労働時間喪失。移民労働量の減少	異常気象による労働時間喪失や死亡。移民労働量の減少
	天然資源	農業生産性の減少	食料や資源の不足
	資本ストック	生産的な投資から適応資本への流出	異常気象による損害
	テクノロジー	気候変動適応に資本が向かうことによるイノベーションの阻害	災害復興・再建に資本が向かうことによるイノベーションの阻害

(出所) BIS (2020) "The green swan" を基に著者和訳

政府は社会保障に予算が回せなくなる。

災害や気候変動で打撃を受けた企業は、倒産のおそれも出てくる。倒産が増えれば融資をしている銀行までもが倒産するかもしれない。倒産しなくても銀行が貸し渋りをするようになれば、企業への融資が滞り、企業の連鎖倒産が発生するおそれもある。また銀行の資産が減れば、国債への投資額も減るかもしれない。すると経済が厳しい局面で、政府は国債を発行しづらくなっていく。

その上、災害では被災した金融機関の事業そのものが中断するかもしれない。加えて、不測の事態に備えるための保険という仕組みが、災害の大きさに耐えきれず、保険システムが崩壊してしまうかもしれない。

気候変動がもたらす金融システムへのインパクトの恐ろしさは、これらの影響が、ほぼ世界全体で同時多発的に発生することにある。従来の国際金融政策では、ある地域のリスクを他の地域でヘッジすることで全体の調整力を作用させようとしてきたが、気候変動ではその対策がうまくいかなくなってしまう。

各国の金融当局も対策を打ちきれなくなるかもしれない。特に困難なのが物価と通貨の安定だ。基本的な金融政策では、インフレで物価が高騰しているときには金融引き締めをおこなって物価を抑制し、反対にデフレで物価が下落しているときには金融緩和をおこなって物価を引き上げる。しかし、気候変動により資源や食品が調達できなくなったことで物価が高騰し、その状態で経済活動が停滞すると、金融政策で最も対応が困難な「スタグフレーション」の状態となる。この状態では、金融を引き締めるべきか、緩和するべきか、という単純な金融政策では対処できなくなる。さらにこの状態が世界全体で長期化すると、金融当局としてはお手上げになってしまう。

国際決済銀行と中央銀行の役割が変わる

では国際決済銀行は、この未曾有の状況にどのように対処しようとしているのか。結論から言うと、金融当局がお手上げになる事態そのものを防がなければいけないという。すなわち、気候変動を止めるために、中央銀行の影響力を行使して、二酸化炭素排出量の削減を実現していかなければいけないと言っている。

これは、かなりすごいことだ。国際決済銀行や中央銀行の役割は金融政策を司ることであ

7 BIS (2020) "The green swan"

って、環境保護策を打ち出すことや、ましてや気候変動問題に対応するための施策を展開することではなかった。それなのに、ついに中央銀行までもが気候変動対策を実行しなければいけないというのだ。

その理由について、国際決済銀行は、二酸化炭素排出量を削減しなければ気候変動が止められず物価が不安定になってしまうが、過去の経験から、他の政府官庁に任せていても、結局は気候変動を止める対策に本腰を入れないだろうと率直な物言いをしている。だから中央銀行や金融監督当局が気候変動を止める責任を果たさなければいけないのだという。

そして国際決済銀行は、『グリーン・スワン』に対処するためには、まったく新しい金融政策が必要になるとも指摘している。まず、これまでの金融政策は、確率論的な手法で将来リスクに備えていたのだが、もはや気候変動のメカニズムは複雑すぎて、経済指標だけをみた確率論的な手法が通用しない。そのため、シナリオを用意して将来のメカニズムを予見しつつ、そのシナリオが発動しないようにするための必要な手段を次々と展開していく必要があるという。

動き出した金融監督当局の対策

このように気候変動がもたらす物価への影響や、金融システムの安定化に必要な措置がわかってきたことで、金融監督当局はすでに動き始めている。その活動の中心地は、フランスの中央銀行であるフランス銀行とイギリスの中央銀行であるイングランド銀行の呼びかけで集まった、有志の国際的な金融監督機関グループ「NGFS」（気候変動リスクに係る金融当局ネットワーク）だ。

NGFSには、加盟国・地域が続々と増えており、2020年2月末時点では、発起人であるフランスとイギリスの他、アメリカ、日本、カナダ、ロシア、ウクライナ、中国、韓国、香港、EU（欧州連合）、スイス、ノルウェー、アイスランド、オーストラリア、ニュージーランド、メキシコ、チリ、コロンビア、シンガポール、タイ、インドネシア、マレーシア、フィリピン、カンボジア、ドバイ、アブダビ、イスラエル、南アフリカなどの金融監督当局が加盟している。さらに金融の各業種の国際機関であるバーゼル銀行監督委員会、証券監督者国際機構（IOSCO）、保険監督者国際機構（IAIS）に加え、国際決済銀行、国際通貨基金（IMF）、世界銀行などもオブザーバー参加している。これほどまでに事態は大ごとになってきている。

NGFSは『グリーン・スワン』レポートを受けて、早速2020年6月に最初の対策を発表した。その内容は、金融監督当局が視野に入れてきた雇用、賃金、インフレ率、期待インフレ率、経済生産量、経済消費量、投資量、貿易量、為替、労働生産性、資本生産性などの経済指標に対し、気候変動が長期的な影響を与えるメカニズムを伝え（図4）、あらためて気候変動対策が金融監督当局の仕事であることを明記。その上で、気候変動による為替不安定化に対応する金融政策として、経済学者の間では測定が困難なことで知られる「自然利子率」に気候変動が与える影響を深く分析することまで推奨した。

さらにNGFSは、金融監督当局に対し、気候変動が将来起こしうる複雑な経済変化に関する具体的なシナリオを提示した上で、各々《おのおの》の国・地域のデータを使用して分析することも推奨した。

もちろん、NGFSに加盟している国・地域の金融当局が一様に対策を進めているわけではない。当然、国・地域ごとに温度差はある。2020年12月にNGFSが発表した調査結果[8]では、調査を実施した世界107の中央銀行のうち、気候変動を金融政策の中で考慮し始めているところは77％と多数を占めたものの、具体的な対策措置を検討しているところは約4割にとどまっていた。

しかし、対策検討の早い中央銀行では、すでに気候変動リスクに関する報告書の作成を始

[図4] 気候変動が金融政策に与えるインパクトの伝達経路

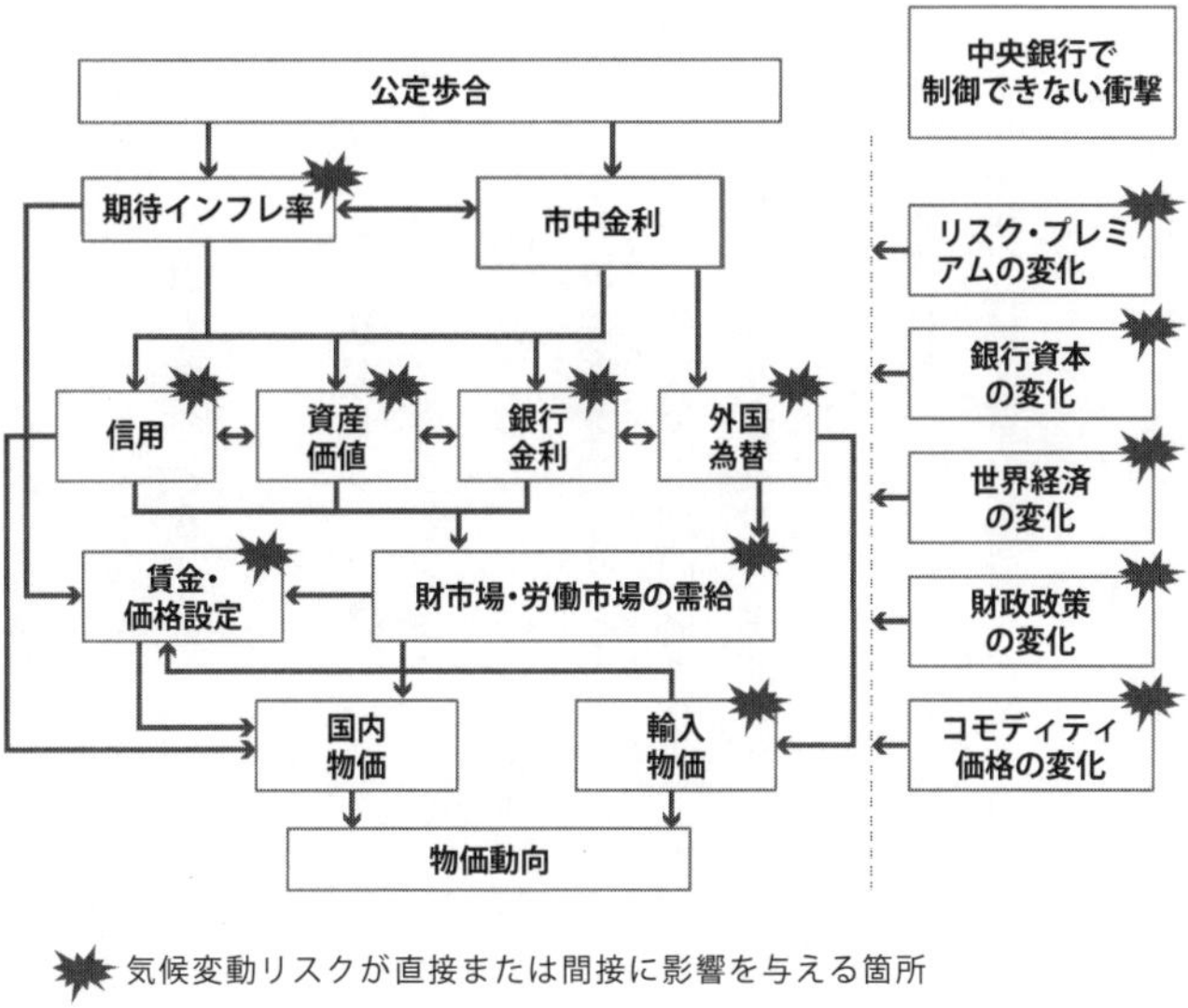

（出所）NGFS（2020）“Climate Change and Monetary Policy Initial takeaways” を基に著者和訳

めているところもある。また、金融検査とよばれる銀行・証券会社・保険会社・運用会社などへの経営監査や経営のモニタリングにも、気候変動リスクの観点でのチェックを盛り込み始めている国・地域も出てきている。

FRBが出したもう一つの重要レポート

国際決済銀行が、グローバル金融システムにとっての「金融庁・中央銀行」であるのに対し、各国レベルの金融当局の中で、突出して影響力の大きい機関がある。それが、アメリカの中央銀行である連邦準備制度理事会（FRB）だ。

ちなみに、アメリカの経済力が他の国と比べてどのくらい大きいかは、数字で理解するとよくわかる。GDPでアメリカは世界全体の19％を占めており、これはこれで十分大きなシェアだが、金融市場に目を向けると、アメリカの存在感はさらに抜きん出ていることがわかる。アメリカの上場企業株式の時価総額は世界全体のなんと56・1％を占める。債券時価総額でもアメリカは世界全体の約40％を占めており、決済通貨の割合では米ドルは世界シェアの60％以上を誇っている。

したがって、アメリカの金融システムがおかしくなると、世界全体の金融システムがおかしくなる。そのため、アメリカの金融市場と米ドルという国際決済通貨を管轄しているＦＲＢの判断は、世界中の注目を集める。

その注目に応えるため、ＦＲＢは半年に1回、『金融安定報告書』と題する報告書を発行し、金融システムのレジリエンス（強靭性）を分析した結果と、金融システムの現状に対する見解を公表している。こうすることでアメリカの金融リスクの状況を世に発信しているのだ。

そして、２０２０年11月に発表された金融安定報告書には、驚くべき内容が記された。なんと国際決済銀行と同じように、気候変動が金融危機を招くリスクがあると書かれていたのだ。しかも、このときの政権は、まだ気候変動に懐疑的な共和党トランプ大統領の時代だ。トランプ大統領は気候変動に関する話題が嫌いなことで有名だったが、それでもＦＲＢは気候変動による将来リスクを公言した。気候変動について記載せざるをえないほどまでに危機感を募らせていたことがうかがえる。

8　NGFS (2020) "Survey on monetary policy operations and climate change: key lessons for further analyses"

では、FRBの報告書には、どのようなことが書いてあったのか。少しみてみよう。

暴風雨、洪水、干ばつ、山火事などの急性リスクは、将来の経済状況や実物資産または金融資産の価値を急速に変化させ、新情報を世に出す可能性がある。さらに、リスクに対する一般認識が急速に変化している場合には、慢性リスク（海面のゆっくりとした上昇など）でも、同様に価格変動を引き起こす可能性がある。気候危機に関連するこれらの価格変動と直接的な損害は、経済的ショックの頻度と深度を増大させる可能性がある。事前にこれらのショックのタイミングと影響を予測することは困難だ。

（中略）気候変動は、金融システムの脆弱性を高める可能性もある。気候変動リスクへのエクスポージャー（著者注・リスクに曝《さら》されている度合いのこと）が不確かであったり、市場関係者の見方も異なることで、資産価格が誤って設定されたり、価格下落ショックを引き起こしたりする可能性もある。同様に、深刻な異常気象や災害のレベルやタイミングが不確かであり、異常気象・災害と経済影響の関係性が十分に理解されていないこともまた、価格変動を引き起こす可能性がある。

（中略）FRBは金融安定フレームワークを通じて、気候変動に関連する金融システムの脆弱性の監視と評価をおこなう。さらに銀行がすべての重要リスクを適切に特定、測定、管理、監視する制度を導入することを期待し、多くの銀行にとって、重大リスクの範疇《はんちゅう》は気候リスクにまで及ぶ可能性がある。[9]

このようにＦＲＢも、国際決済銀行とまったく同じ見解に達している。気候変動は、資産価格を変動させ、金融システムを脆弱にしてしまうため、銀行に気候変動リスクに対処することを要請したのだ。実際にＦＲＢは、バイデン政権へ移行後の２０２１年３月に、個別の金融機関の気候変動リスク監督のための機関として「監督気候委員会」を、金融システム全体での気候変動リスク対策のための機関として「金融安定気候委員会」を設立すると発表した。このようにアメリカでは、気候変動は巨大な金融リスクとして認識されている。

日本の金融当局の動向

海外の金融当局の動向をみて、日本でも、金融庁と日本銀行がついに動き出した。金融庁

9 Federal Reserve Board (2020) “Financial Stability Report, November 2020”

は、上場企業に課している規範の「コーポレートガバナンス・コード」の中で、気候変動が事業リスクや収益機会につながる重要な経営課題と認識するよう取締役会に求め、特に大手の上場企業に対しては、リスクと機会の将来財務影響を開示することも求める考えだ。

さらに金融庁は、大手銀行に対しても、将来の気候変動リスクに銀行の財務状況が耐えられるかの影響把握を始める。また日本銀行も、金融機関に立ち入っておこなう「考査」と呼ばれるリスク管理体制点検で、２０２１年度から気候変動に関する経営管理状況も確認していくことを決めている。

このように日本でも、気候変動は金融リスク課題として認識されるようになってきた。

第2章

温室効果ガスをどう減らす?

1　温室効果ガスとは何か

　そもそも温室効果ガスとは何なのか。地球は宇宙空間にあり、地球の熱は常に宇宙空間に放出されて冷えていく。だが、ある種の化学物質が大気中に蓄積されていると、熱が宇宙空間に放出されづらくなってしまい、大気の内側に熱をこもらせてしまう。この厄介な化学物質が温室効果ガスで、温室効果ガスの代表的なものが二酸化炭素だ（詳しくはコラムを参照）。そのため、温室効果ガス全体を指して「二酸化炭素」と呼ぶことも多い。

　二酸化炭素は、理科の時間で習ったように、炭素原子1個と酸素原子2個でできている。ものを燃やすということは、空気中の酸素と結合する「酸化反応」だということを思い出してほしい。だから基本的に、炭素を含むものを燃やすと、炭素に酸素がくっついて二酸化炭素が生じる。

　そして、炭素を含むものは何かというと、基本的に生物はすべて炭素を含んでいるので、植物を燃やしても二酸化炭素が出るし、生物の死骸が化石化した石炭や石油を燃やしても当然、二酸化炭素が出る。だから、「二酸化炭素を減らそう」とか「低炭素」「脱炭素」という

コラム　温室効果ガス排出量はどう算出される？

科学者は現在、温室効果ガス（GHG）には7種類あると定義している。二酸化炭素（CO_2）、メタン（CH_4）、一酸化二窒素（N_2O）、ハイドロフルオロカーボン類（HFCs）、パーフルオロカーボン類（PFCs）、六フッ化硫黄（SF_6）、三フッ化窒素（NF_3）の7種類だ。

年間排出量は、二酸化炭素が圧倒的に多い。また、7種類毎の重量あたりの気温上昇インパクト（地球温暖化係数）は異なっており、二酸化炭素が一番小さい。二酸化炭素以外の化学物質は、排出量は小さいが、地球温暖化係数が大きいため、影響を無視できない。

温室効果ガスの排出量を発表する際には、7種類の温室効果ガスをわけて集計することが面倒なため、二酸化炭素以外の6種類に関しては、地球温暖化係数を使い、二酸化炭素での排出量に換算して集計することが多い。そのため、年間の排出量を表すときには、二酸化炭素排出量で一本化表示することが一般的だ。

世界各国の政府は、国内の製品やエネルギーの生産活動から排出される7種類のガスの発生量を推計し、地球温暖化係数を掛け合わせて、国単位の排出量を算出している。算出した結果は「温室効果ガスインベントリ」と呼ばれ、各国政府は国連気候変動枠組条約事務局にデータを毎年提出している。

温室効果ガスの種類	2016年世界排出量割合	地球温暖化係数
二酸化炭素（CO_2）	74.4%	1
メタン（CH_4）	17.3%	25
一酸化二窒素（N_2O）	6.2%	298
ハイドロフルオロカーボン類（HFCs）	2.1%	1,430など
パーフルオロカーボン類（PFCs）		7,390など
六フッ化硫黄（SF_6）		22,800
三フッ化窒素（NF_3）		17,200

（出所）WRI

言葉や、炭素の意の英語である「カーボン」を使った「脱カーボン」「ゼロカーボン」という単語が今、大量に飛び交っている。

2 温室効果ガスの発生源

現在の温室効果ガスの年間排出量は、世界全体で約50Gt。Gt(ギガトン)とは、トンの10億倍の単位。では、温室効果ガスはどこから出ているのか。実はわたしたちの生活のいたるところから、温室効果ガスは出ている(図5)。

わかりやすいのは、自動車交通。自動車はガソリンやディーゼル燃料を燃やして動力を得ている。燃やすということは炭素に酸素をくっつけているので、結果、二酸化炭素がバンバン出ている。船も飛行機も石油を燃料にしているので、同じように二酸化炭素がバンバン出る。

では、電気で動く鉄道はどうなのか。こちらは電気を作り出す発電の過程で二酸化炭素がバンバン出る。わかりやすいのは、火力発電だ。石炭、天然ガス、石油を燃やしてタービンを高速回転させて発電している火力発電は、やはり「燃やす」という行為を伴うので、二酸

[図5] 世界の温室効果ガスの発生源(2016年)

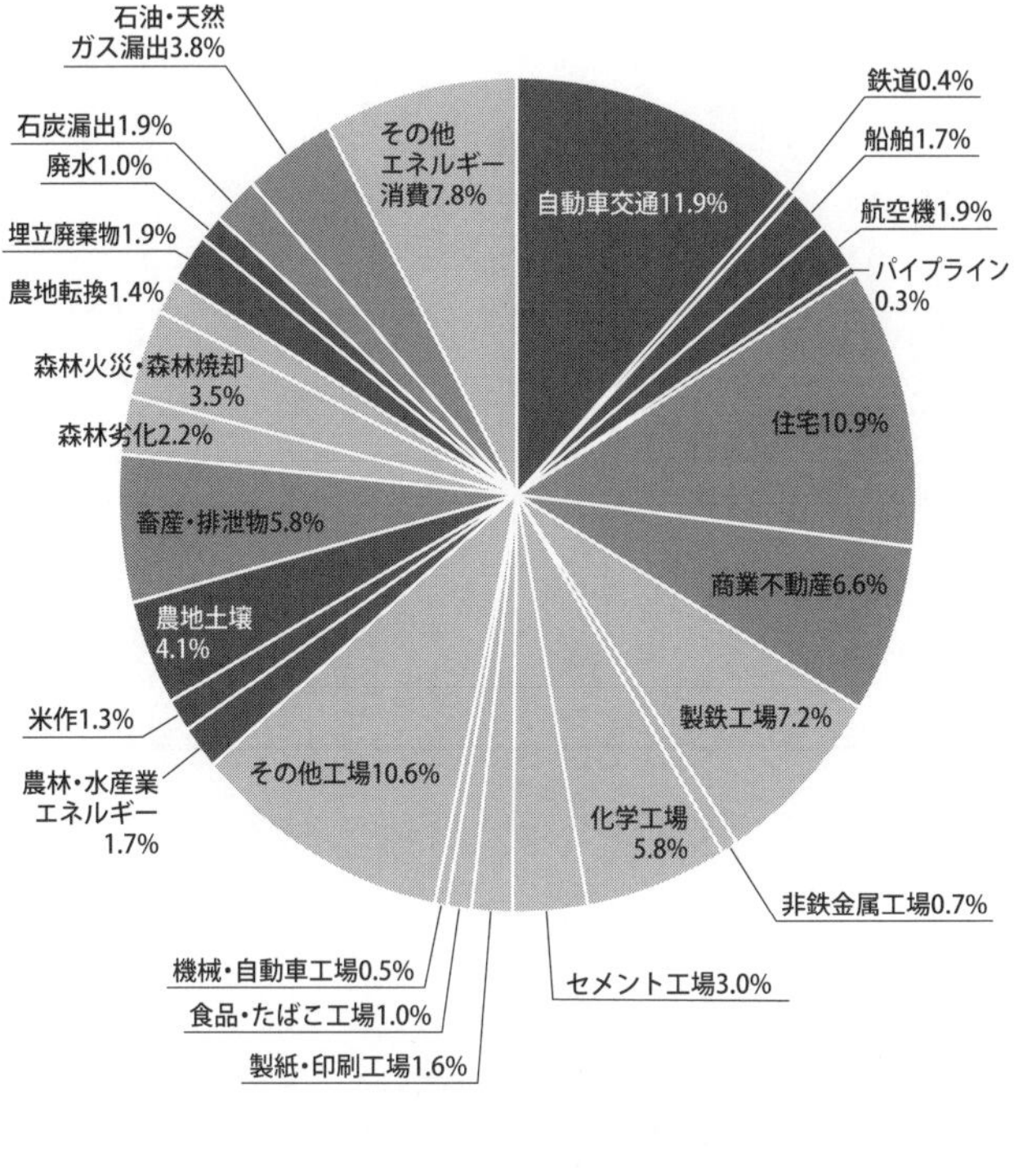

(出所) WRI, Climate Watch を基に著者作成

化炭素がものすごく出る。同じように、木などの植物を燃やす「バイオマス発電」、ごみを燃やす「廃棄物発電（ごみ発電）」も、やはり二酸化炭素が出る。

そして電気は日常生活で不可欠な存在だ。住宅やオフィス、店舗などでも、電気は大量に使われている。家では電気以外に、都市ガスやプロパンガスも使う。ガスは、たとえばお湯を沸かすためにもガスを燃やして熱を得ているので、やはり二酸化炭素が出る。ちなみに、ガスコンロから都市ガスが漏れた場合には燃やしていないので二酸化炭素は発生しないが、漏れた都市ガスは、そもそもメタンを大量に含んでおり、メタンも温室効果ガスの一つなので、やはり気温を上昇させてしまう。

電気の中でも、太陽光エネルギーを用いる太陽光発電や、風力でモーターを回転させて発電する風力発電は、発電時に何も燃やしていないので二酸化炭素は出ない。太陽光発電や風力発電が「再生可能エネルギー」と言われるのは、火力発電で使う石炭や石油は枯渇していく「有限資源」であるのに対し、自然の力を活用していて何度でも使える「再生可能」なエネルギーであるため。他にも地熱発電や潮力発電、海流発電なども再生可能エネルギーだ。

同じく、自然の力を活用する発電には、水流の勢いでタービンを回す水力発電がある。水力発電がダムでおこなわれているのは、ダムで堰《せ》き止めた水を高いところから一気に落とす位置エネルギーでタービンを回しているためだ。だが、水力発電は再生可能エネルギーとみなされないことがある。水力発電を再生可能エネルギーとみなさない人は、水力発電のためのダムを造る過程で土地を水没させ、生態系を破壊するため、「再生可能ではない」と考えるからだ。ちなみに、iPhone でおなじみのアップルは、大規模な水力発電を再生可能エネルギーとはみなしておらず、小型の水力発電のみを再生可能エネルギーとみなしている。

原子力発電も、原子の核分裂や核融合の際に発生する熱を活用しているので、発電時に何も燃やしておらず、二酸化炭素は出ない。だが、チェルノブイリでの原発事故以降、世の中には原子力発電が安全な技術ではないと考える人が増えた。そのため、原子力発電が「再生可能エネルギー」と呼ばれることはまずない。ただし、二酸化炭素を出さないという観点から、原子力発電と再生可能エネルギーを区別するべきでないと考える人は、双方を合わせて「ゼロエミッション（排出ゼロ）電源」という言葉を用いる傾向にある。

それでも、再生可能エネルギーも原子力発電も、発電時に二酸化炭素を出していないだけで、そもそも発電機を造るための工場では二酸化炭素が出ている。世の中にある工場では、部品を造ったり、原料素材を造ったりするために、熱や電力を必要とする。世界の温室効果ガスの約３割は工場から排出されている。

実は、農業でも大量の二酸化炭素が出ている。人間は太古の昔から森林を切り開いて農地に変えてきた。このように土地の状態を変えることを「土地利用変化（LUC）」というが、たくさん木が生えている森林を伐採して農地に変えれば、温室効果ガスが出る。どうしてかというと、伐採した木を燃やせば二酸化炭素が出るし、燃やさず放置していても、今度は微生物が分解して木が腐り、そうするとメタンガスが出るからだ。

では森林を切り開いて農地に変えた後はどうだろう。トラクターや耕運機で田畑を耕したら、その機械を動かすための燃料の燃焼から二酸化炭素が出る。ビニールハウスで照明を使えば電気を使う。もっと厄介なのは、作物の育成を促すための化学肥料で、化学肥料は窒素をたくさん含んでおり、この窒素は放置すると自然に酸素と結合してしまう。すると温室効果ガスの一つである一酸化二窒素になってしまう。一酸化二窒素は、重量あたりの温室効果が二酸化炭素の２９８倍もある。稲作はさらに厄介で、収穫後に稲わらを放置した状態で雨が降ると、稲わらを微生物が分解し、メタンガスが出る。

では森林を農地に変えずに、森林のままにしておくのはどうか。もちろん森林のままにしておくことは、大気中の二酸化炭素を減らす上で非常に望ましい。だが仮に、森林火災が発生したら、やはり二酸化炭素が出る。しかも森林が天然林でなく人工林の場合は、手入れが悪いと豊かな森林にはならず、薄暗い鬱蒼《うっそう》とした森になる。その状態で放置していても、大気中の二酸化炭素をそれ以上吸収できない状態になり、山が豊かになっていかない。

ちなみに、２０１５年以降、たった4年間で日本の面積とほぼ同等の４０００万ヘクタールもの森林が地球上から消失している。もちろん森林では、木々が自然に成長するし、人工的に植林したりもする。だが、この森林増加分を加味しても、２０１０年から２０２０年までに毎年平均４７０万ヘクタールの森林が減少した[10]。

二酸化炭素の排出源は他にもまだまだある。畜産では、牛や羊のげっぷに大量のメタンガスが含まれているし、動物の排泄物は放置しておくと、化学肥料と同じく微生物が一酸化二窒素やメタンガスに分解してしまう。ちなみに人間の排泄物も同じなので、下水にはメタンガスが充満していることもある。

漁業では、そもそも船を動かすために燃料を燃やすので、やはり二酸化炭素が出る。また漁獲物の鮮度を保とうと冷房や冷凍をおこなったりもする。それらの装置に必要な「冷媒」に使われるハイドロフルオロカーボン類（日本では代替フロンと呼ぶ）は温室効果ガスであ

10　FAO (2020) “Global Forest Resources Assessment 2020”

り、漏出すれば、やはり温室効果ガスが排出されることになってしまう。

このように、温室効果ガスの大半は、熱や電気を生み出すエネルギーのために排出されている。割合では、実に70％以上にもなる。したがって、もとをたどると、石炭、石油、天然ガスの利用が気候変動の原因となっており、オイルメジャーと呼ばれる企業や、石炭採掘企業の責任を追及する声が多くなるのは、そのためだ。

ここまで説明すると、いかに人間社会は温室効果ガス排出と密接なのかがわかっていただけるだろう。２０２０年に新型コロナウイルス・パンデミックで、人間の活動が停滞し、経済活動が縮小した際に、二酸化炭素排出量が大きく減少したといわれたのは、このためだ。だが、それはそれで問題があった。経済活動が縮小したことで、倒産、自己破産、家庭内暴力、貧困、飢餓、自殺といった社会問題が噴出したことを覚えている人は多いだろう。

3　カーボンニュートラルの具体的な手法

カーボンニュートラルとは温室効果ガス排出量をプラス・マイナス・ゼロにすることだと、ここまで何度も説明してきた。現在の年間の温室効果ガス排出量は約50Gt。そして、気候変動を緩和するために、2050年までにこれをネットゼロにする。これを実現するためのオプションは、3つある。

1つ目は、現在排出している50Gtをゼロにする手法。これをカーボンニュートラルと区別して、「ゼロエミッション」や「カーボンゼロ」「ゼロカーボン」といったりもする。これが容易に実現できれば苦労はないが、残念なことに、完全にゼロにできる目処《めど》はまだ立っていない。これまでみてきたように、人間社会は至るところで温室効果ガスを出してしまうのだから、簡単であろうはずがない。

2つ目は、現状の50Gtの排出を続けたまま、大気中にある温室効果ガスをなんとかして、同量の50Gt分吸収して、排出した分を全量相殺してしまう手法。強引にも思えるが、一応、計算上は、大気中の温室効果ガスを増やしてはいないので、科学的にはゼロエミッションと同じ効果が得られる。

3つ目は、1つ目と2つ目のオプションを組み合わせた手法。50Gtを減らせるだけ減らしたうえで、それでもどうしても減らせない分を、大気中から吸収して、プラス・マイナス・ゼロにする。現在、世界的に、この3つ目のオプションが最も現実的な解となっている。

どうしても削減できない温室効果ガスの排出分を、大気中からなんとかして吸収することを「二酸化炭素除去（ＣＤＲ）」「ネガティブエミッション」という。具体的な方法はおおむね５つある。

①植林・森林管理――まだ日本の24倍の面積に植林できる

まずは植林。森林を農地に変えたり森林火災が発生したりすると、大気中に二酸化炭素が排出される。ならば、逆に地球上の森林を増やせば、大気中の二酸化炭素は減らせる。

地球には植林ができる場所はもうほとんど残されていないという人もいるが、科学者はそうは見ていない。世界にはまだ日本の面積の24倍にもなる9億ヘクタールの植林ポテンシャルがあるという。[11] 実現すれば、森林は今よりも25％以上も増え、大気中の二酸化炭素を最終的に２００Gtも吸収できる。２００Gtは、現在の地球大気中の二酸化炭素の25％に相当する。

そして、実際に企業からも積極的に植林に乗り出す動きが出てきている。「経済サミット」の異名を持つ「ダボス会議」を主宰する世界経済フォーラムは、２０２０年に国連環境計画（ＵＮＥＰ）と国連食糧農業機関（ＦＡＯ）が展開する「生態系回復の10年」という国際プログラムと連携し、「1t.org」という団体を発足している。１ｔは「1 Trillion」の略語で、日本語にすると「１兆」。この団体は、２０２１年から２０３０年までのあいだに世界全体で１兆本の植林をおこなうことを目指している。

1t.orgの活動は、すでにアメリカでも具体的な動きとなって現れている。企業、自治体、ＮＧＯなど26機関が、1t.orgのアメリカ支部を立ち上げ、合計で８億５５００万本の植林計画をすでに発表済みだ。アメリカでは近年山火事が頻発し、森林が消失していることもあって、企業が積極的に動き出している。1t.orgのアメリカ支部には、マイクロソフト、アマゾン、セールスフォース・ドットコム、リンクトイン、バンク・オブ・アメリカ、マスターカード、ペプシコ、ティンバーランド、ＨＰなどが発足メンバーとして参加している。[12] 今では、54機関で49億本の植林計画にまで伸長した。

アフリカでも現在、アフリカ大陸を横断しているサハラ砂漠の南部で、全長８０００㎞にも及ぶ土地に、２０３０年までに１億ヘクタールに植林する「グレート・グリーン・ウォー

11　Jean Bastin, et al. (2019) “The global tree restoration potential” Science, Vol. 365, Issue 6448, pp. 76-79
12　1t.org US (2020) “US Businesses, Governments and Non-Profits Join Global Push for 1 Trillion Trees”

ル」プロジェクトが、国連とアフリカ連合、EUの主導で展開されている。実現すれば、2030年までに大気中の二酸化炭素を0・25Gt吸収でき、1000万人分の雇用も創出できるという。2007年のプログラム発足以降、すでにアフリカ大陸の21ヵ国がこのプロジェクトに参加しており、目標を超える1・56億ヘクタールの土地が植林対象地域に指定された。[13] 過去約10年でプロジェクトは全体の15%を完了しており、残り約10年で一気に動きを加速させようとしている。

植林ではなく、既存の森林を育てていくことも、十分、温室効果ガスの吸収量増加につながる。森林は適切に管理すれば、数百年、数千年、数万年と育っていくからだ。

②ブルーカーボン——二酸化炭素の55%は海洋植物が吸収

植林や森林管理で得られるのと同じ効果を、海洋植物でも実現できるのではないかということで注目されているのが「ブルーカーボン」だ。海で生きている海藻、海草、植物プランクトンは、大気中の二酸化炭素を吸収して植物の成分にしている。実際に、地球上で生物が吸収している二酸化炭素のうち、55%はブルーカーボンで、海洋植物は大量の二酸化炭素を吸収してくれている。[14]

ブルーカーボンの中で特に注目を集めているのが、マングローブ林だ。マングローブは浅瀬の海底に根を張り、海上に葉をつけて生息している。通常の植物は、塩水につけると枯れてしまうが、マングローブは海中で生息できる特殊な植物だ。そのためマングローブ林は多様な生物の住処《すみか》となり、豊富な生態系を作り出してくれている。

マングローブ林を増やせば大気中の二酸化炭素の吸収量も増やすことができる。だが近年、マングローブ林は、沿岸部の観光開発や埋め立て、またエビの養殖などでむしろ消失してきている。そのため、実際にはマングローブ林が消失した分だけ、大気中に二酸化炭素が放出されてしまっている。

マングローブ林以外のブルーカーボンでは、藻類が豊富な海藻藻場《もば》と、海草類が豊富な海草藻場も有名だ。海藻ではワカメや昆布、海草ではアマモなどがよく知られている。最近では海草や海藻に栄養素が豊富なものも見つかっており、食物や飼料としても注目され始めている。藻場を増やしていけば、植林と同じように大気中の二酸化炭素を減らすことができ

13　Great Green Wall (2021) homepage

14　UNEP (2009) "Blue carbon: the role of healthy oceans in binding carbon"

る。

③バイオ炭《たん》——田畑に撒くと土壌の養分を豊富に

バイオ炭は、ネガティブエミッション技術の中でも最も新しく認知された技術だ。バイオ炭は、バイオマスを無酸素または低酸素の環境下で350℃以上の熱で分解すると得られる炭のことをいう。もちろん、このバイオ炭を燃焼させれば二酸化炭素が出てしまうのだが、燃焼させるのではなく、田畑に撒《ま》くという使用法がある。バイオ炭は自然分解されにくいので、放置しておいても大気中に二酸化炭素をあまり排出しない。農地に撒くとむしろ土壌中に炭素を蓄積する効果がある。それにより、土壌の養分を豊富にし、作物の成育を促進する。

バイオ炭は、農林業から出た廃棄物や食品廃棄物を原料にできるため、原料の調達コストも安く、廃棄物のリサイクル効果もある。すでにアメリカ、オーストラリア、ニュージーランド、イギリスでは、積極的にバイオ炭の活用が始まっている。[15]

バイオ炭の活用は、日本でも農林水産省が普及に向けて動き出している。バイオ炭は、大気中から吸収した二酸化炭素を固定したままにできる上に、農地の土壌の透水性、保水性、通気性の改善などの効果もあり、いいこと尽くめだ。唯一の課題は回収と輸送のコストを下げることで、今の日本では、回収が容易な籾殻《もみがら》などに原料が限られている。今後、さまざまな農林業廃棄物や食品廃棄物を効率よく集められるようになれば、バイオ炭によって農業振興も可能になってくる。

④直接空気回収（DAC）――大型換気扇で二酸化炭素を吸引

４つ目は直接空気回収と呼ばれる技術で、人工的に大気中の二酸化炭素を化学反応により吸収してしまおうというものだ。

この手法は、①の植林・森林管理や②のブルーカーボンとは、かなり毛色が違う。植林やブルーカーボンは「自然に基づく解決策（ＮｂＳ）」と呼ばれているのに対し、ＤＡＣは自然ではなく、完全に人工的な技術を駆使する。

ＤＡＣの一般的な方法は、大型換気扇のようなもので大気を吸引し、大気中に含まれる二酸化炭素だけを化学反応で吸着して除去してしまうというものだ。吸着させる化学物質では

15　日本バイオ炭普及会〝各国政府の取組〟

アミンが最も有名だ。

だが、大気を吸引し、アミンを使って化学反応をさせるには、当然、電気や熱エネルギーが必要になる。せっかくＤＡＣで二酸化炭素を大気中から吸収できても、ＤＡＣ設備を動かすための電気や熱エネルギーで大気中に二酸化炭素を排出してしまっては、意味がない。そのため、ＤＡＣでは、設備を動かす電気を再生可能エネルギーにしたり、熱エネルギーの燃料をバイオ燃料等に切り替えたりすることが欠かせない。

現在、世界には稼働しているＤＡＣ設備が15ヵ所以上あり、欧米や中国に集中している。しかし現状はコストが高すぎて商業利用は難しいので、実験機的な扱いにとどまっている。全設備での年間の二酸化炭素吸収量の合計は９０００ｔと非常に小さい。アメリカで建設中のものも加えると、全体で年間１００万ｔぐらいにはなるという[16]。ただ、本当に商業利用が可能になるかに関しては、産業界や金融機関の間でも否定的な見方がかなりある。現段階では、画期的なイノベーションが起き、非常に効率的に吸収できるＤＡＣ技術が開発されることが夢想されている状況と言ってもいいかもしれない。

⑤バイオエコノミー――植物を資源にして化石燃料に代替

最後はバイオエコノミー。こちらも植林と同様に、植物の力で大気中の二酸化炭素を吸収しつつも、栽培した植物を資源として積極的に活用していく手法だ。

温室効果ガスは化石燃料が主要な発生源であるならば、石炭や石油、天然ガスなどの化石燃料を極力使わない経済システムを構築していくことがきわめて重要となる。たとえば、同じ火力発電でも、化石燃料を使うのでなく、植物由来のバイオマスを燃料とする発電が注目されている。自動車でもガソリンやディーゼル燃料の代わりに、バイオ燃料やバイオディーゼルを使おうという動きもある。ガス燃料についても、食品廃棄物などを発酵させたバイオガスがすでに活用されている。

だが、化石燃料は、燃料以外の目的でもかなり多く使われている。たとえば、ポリエステルやアクリルなどの化学繊維は、石油が原料だ。プラスチックも合成ゴムも同じく石油が原料だ。最近では、植物由来の油脂を使ったバイオ繊維やバイオプラスチックの研究も、盛んにおこなわれている。紙繊維もバイオ素材のため、プラスチック容器を紙容器に切り替えることもバイオ素材化ということができる。

16　IEA (2020) "Direct Air Capture"

ただ、植林・森林管理とは異なり、バイオエコノミーでは植物を資源として活用するために植えるため、せっかく二酸化炭素を吸収しても、最終的に廃棄や焼却をすれば二酸化炭素は再び大気中に戻っていってしまう。したがって、栽培する量よりも使用する量が多くなれば、大気中の二酸化炭素量は増えてしまう。バイオエコノミーでは、使用量よりも栽培量を増やして二酸化炭素の吸収量を確保することが絶対条件として必要となる。

また、バイオ燃料は、燃焼時に排出される二酸化炭素を直接空気回収（ＤＡＣ）技術を用いて工場内で回収してしまうこともできる。燃料となる植物生産で大気中の二酸化炭素を吸収したまま、燃料を消費しても大気中に二酸化炭素が出ていかないようにできれば、全体として大気中の二酸化炭素を減らすことができる。

工場などで排出される二酸化炭素を回収し、地中などに埋蔵してしまう一連の技術のことを「炭素回収・貯留（ＣＣＳ）」技術と呼ぶ。また貯留する代わりに、何か別の用途で用いる場合は「炭素回収・利用（ＣＣＵ）」技術という。この2つをあわせて「炭素回収・利用・貯留（ＣＣＵＳ）」技術と呼ぶ。バイオ燃料にＣＣＳ技術を組み合わせ、燃料を活用しながら大気中の二酸化炭素を減らしていくことを、「バイオエネルギーＣＣＳ（ＢＥＣＣＳ）」という。

気温上昇社会の未来図

繰り返しになるが、現在の温室効果ガスの年間排出量は50Gt。これをプラス・マイナス・ゼロにできればカーボンニュートラルとなる。この話を、今後の気温変化に換算すると、図６のようになる。[17]

もしこの先何も対策しないままで人口増加と経済成長を続けていけば、年間50Gtという排出量がさらに増え、２１００年には今の２倍から３・５倍の排出量になる。この場合２１００年の世界の平均気温は、産業革命前といわれる１８００年代後半と比べて、４・１℃から４・８℃上昇すると予測されている。

ちなみに、フランスにある世界最大手保険会社アクサのＣＥＯは、２０１５年に「気温が２℃上昇しても、まだ保険がかけられるかもしれない。４℃上昇したら保険はかけられなくなるだろう」と述べている。[18] 気温上昇で自然災害が頻発すると、保険加入者に支払う保険金

17　Carbon Tracker Initiative (2020) "Temperatures" https://climateactiontracker.org/global/temperatures/
18　AXA (2015) "Climate Change: it's No Longer About Whether, it's About When" https://www.axa.com/en/magazine/about-whether-about-when

が巨額になり、損害保険というビジネスモデルそのものが崩壊してしまうという。損害保険がなくなれば、車にも家にも家財道具にも保険がかけられなくなり、災害が起きても補償はない。さらにオフィスや工場、店舗にも損害保険がかけられなくなれば、事業リスクが高すぎて設備投資は大幅に減衰し、経済活動そのものが回らなくなる。すなわち、この状態は、経済崩壊シナリオと同義となる。

では、過去に人間社会が努力してきた程度の削減政策を続けるとどうなるか。これでだいたい2・7℃から3・1℃の気温上昇になるが、これでもまだ、「保険崩壊」の4℃にかなり近い。

しかし、人間社会は、2015年にパリ協定で合意し、各国が自主的に削減目標を打ち出してもいる。実際に各国政府が国連に提出した削減目標をしっかり達成すると、どの程度改善されるのだろうか。結果は、2・3℃から2・6℃で、これでもまだまだ高い。

一方で、自然災害による打撃を大幅に少なくするため、パリ協定では国際目標として2℃、さらには1・5℃の上昇にとどめることと定めている。この目標を達成するには、図6にあるように、現時点からものすごいペースで温室効果ガスを減らしていかなければならない。このペースは、節電やペーパーレス程度の対策では到底達成できはしない。そして、特

[図6] 2100年までの気温上昇見通し

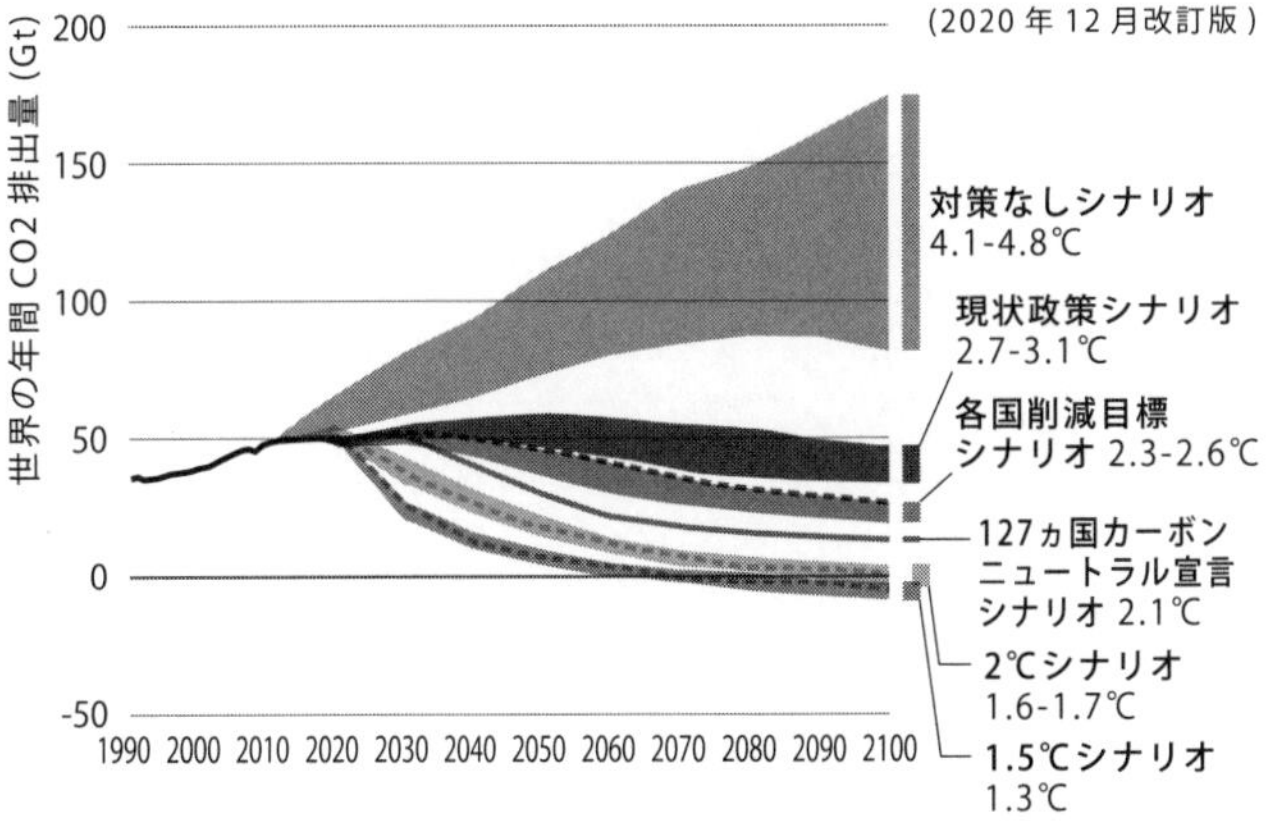

(出所) Carbon Tracker Initiative を基に著者和訳
Carbon Tracker Initiative (2020) "Temperatures"
https://climateactiontracker.org/global/temperatures/

に1・5℃目標を実現するためには、図にあるように2050年の時点で、おおむね排出量プラス・マイナス・ゼロ、すなわちカーボンニュートラルを実現しなければならない。このことから、「2050年カーボンニュートラル」が事実上の国際目標として認識されるようになった。

カーボンニュートラルを自ら進んで宣言する国など、ほとんどないと思われるかもしれない。しかし、パリ協定から数年が経ち、国連の勧告や金融危機を恐れた投資家が、各国政府に目標の引き上げを要求していった。その結果、2020年11月までに約130ヵ国が2050年までのカーボンニュートラルを宣言している（図7）。これには日本も含まれる。仮に、宣言どおりに2050年カーボンニュートラルを実現すると、2・1℃レベルの上昇にとどめられるが、それでも1・5℃にはまだまだ遠い。その理由は、まだすべての国がカーボンニュートラルを宣言しているわけではないということと、2050年までの削減ペースが不十分だからだ。

そのため、引き続き国連や金融界は、各国に対し削減目標を引き上げるよう要求し続けている。

[図7] 世界のカーボンニュートラル宣言国(2021年4月時点)

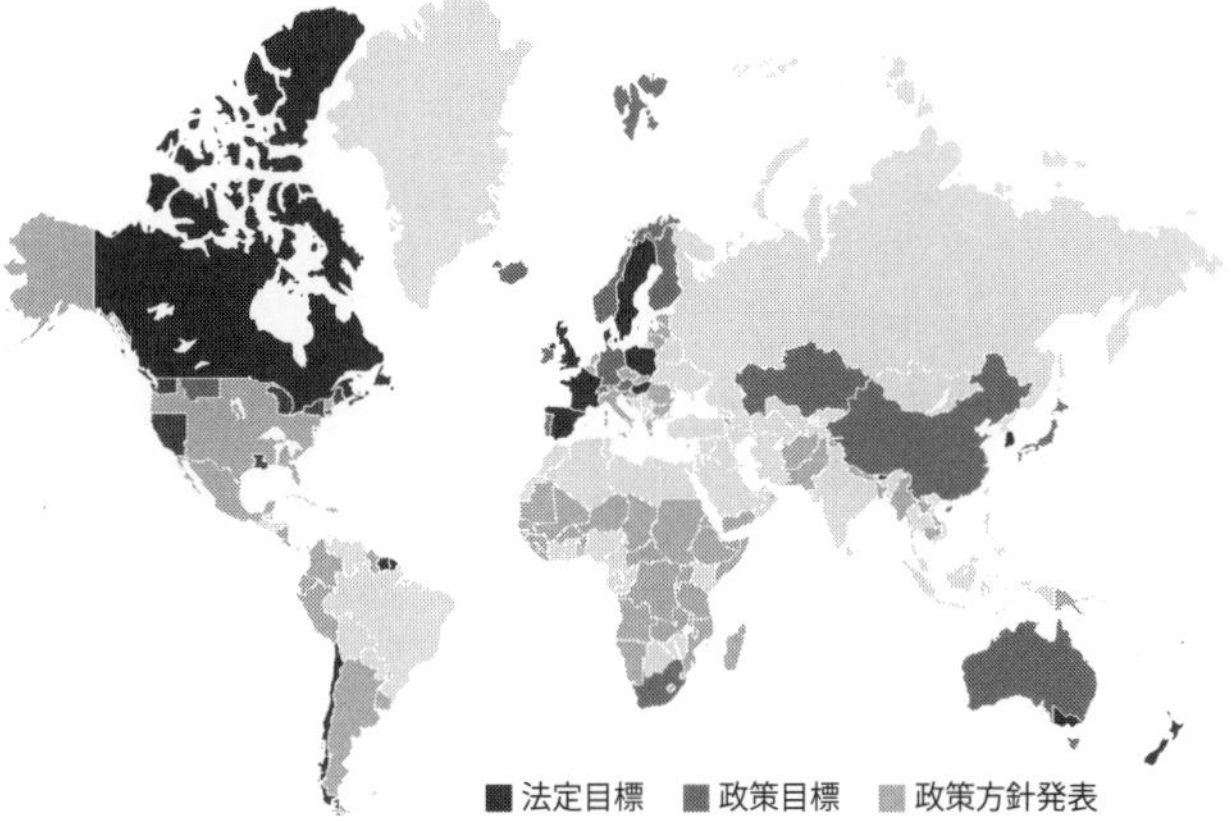

(出所) Energy & Climate Intelligence Unit (2021)

第3章　資本主義は環境にとって悪なのか？

1　気候変動対策と経済成長のデカップリング

資本主義が気候変動を引き起こしている説は正しいか?

気候変動を引き起こしている原因が、人間社会による温室効果ガス排出であり、とりわけ化石燃料の使用が排出の多くを占めることがわかってくると、「経済成長思想が気候変動を引き起こしている」と主張する論者も出てきた。特に、経済成長思想は資本主義の本質であり、資本主義社会では気候変動は避けられないと唱え、資本主義社会から脱却しさえすれば気候変動を止められると主張する人が次から次へと出現してきている。

でも、果たして、それは本当なのか。「資本主義→経済成長思想→気候変動必然」という構図を、今一度点検してみたい。

経済成長思想は資本主義特有のものではない

気候変動抑制のために「脱資本主義」（おわりに「資本主義の未来と日本」参照）を主張する人は、産業革命以降の資本主義的な経済システムにより、先進国では著しい経済成長を成し遂げ、富が増大し、その反面、経済活動による環境破壊や温室効果ガスの排出により、気候変動が進行してきたと考えている。そのため、世の中を産業革命前の状態に戻すには、資本主義をやめればいいという。

だが、歴史の事実では、残念ながら資本主義でない政治体制でも経済成長は追求されてきた。たとえば、冷戦体制が崩壊するまで共産主義陣営を率いていた旧ソ連は、結果はどうであれ、経済成長はものすごく希求されていた。それどころか、1957年にアメリカよりも先にソ連がスプートニク・ロケットによって世界初の人工衛星を打ち上げた時、ソ連は資本主義よりも共産主義のほうが技術開発に優れ、経済成長を成し遂げられると誇っていた。

今でも形式的には共産主義の政治体制を敷いている中国とベトナムも同じだ。中国は資本主義陣営と大きく差がついてしまった経済力の差を取り戻すため、1978年に鄧小平の指導体制の下で「改革開放」政策を唱え、資本主義的な経済政策を採用することにした。ベトナムでも1986年に「ドイモイ」政策が始まり、経済の資本主義化が始まった。これらの史実からは、資本主義でない政治制度下にあっても、やはり経済成長を追求するという人間の本質がみえてくる。

このように説明しても、旧ソ連や現在の中国、ベトナムとは路線を変え、意図的に選択すれば、経済成長を追求しない共産主義を実現できると反論してくる人もいる。だが、これもにわかには信じがたい。現在、資本主義から最も遠い経済システムを採用している国といえば、おそらく北朝鮮だろう。隣の韓国と比べても、たしかに経済力は大幅に低迷しており、経済成長を重視しているようにはなかなかみえない。国民の間の所得格差でも、北朝鮮は韓国よりも格差は小さく、[19]所得平等の観点からは北朝鮮のほうが優れている。一人あたりの年間二酸化炭素排出量でも、韓国が12・1tなのに対して北朝鮮は1・1tで、[20]北朝鮮のほうがはるかに「エコ」だ。では、わたしたちは本当に北朝鮮のほうが望ましいと判断できるのだろうか。

北朝鮮の社会情勢については、実態はなかなか見えてこないが、脱北者などの証言から、飢餓に苦しんでいる人さえいて、貧困率も高いと聞く。1959年に新潟港から「地上の楽園」を求めて北朝鮮に帰還した在日朝鮮人やその家族の人たちは、もともとは日本社会での所得格差に嫌気がさした人も多かったが、北朝鮮での生活のあまりの苦しさから、結局は日本への帰国を切望していたという。経済成長をしなければ、そもそも「人間らしい生活」が送れなくなってしまうのだ。

だが、このように説明してもまだ、北朝鮮は特殊な失敗事例であり、経済成長がなくても人間らしい生活が送れるという幻想を抱き続ける人もいる。だがそれはやはり幻想なのだ。経済成長を目指さないということは、生物の本質から考えて自然な状態ではなく、むしろ強制的に創り出さなければ実現できない。つまり、経済成長を求めてしまう人に対し、経済成長を求めることを禁止し、経済成長を求めない教育を徹底し、逸脱を監視し続けなければ、「反経済成長」的な社会は維持できない。脱資本主義を標榜《ひょうぼう》する政治体制が、強権的な監視国家になっていくのはこのためだ。もともと旧ソ連も北朝鮮も、国民は監視されたくて共産主義を支持したのではない。だが、共産主義を続けるためには、監視され、自由を奪われることを自ら受け入れなくてはならなくなってしまった。

わたし自身も「幸せの国」といわれるブータンに行ったことがあるが、やはり同じことを感じた。ブータンは自由旅行を制限しているため、外国人が自由にブータンに入国することはできない。必ず事前に現地の代理店にツアーをアレンジしてもらい、ホテルも観光地も全部事前に決められたうえで観光が始まる。こうして海外の「汚れ」の蔓延を防ぎ、国内を

19　World Inequality Database では、２０１９年時点で、所得上位10％層の所得が国内所得全体に占める割合が、韓国の44・９％に比べ、北朝鮮は42・０％と低く、所得格差が小さかった。
20　World Bank (2016) database

「ピュア」に保とうとしている。

それでもブータンは、完全には情報鎖国をしていないため、海外の情報がメディアなどを通じて国内に入ってくる。すると国民はやはり経済成長を求めるようになり、国内で生産できない物品を大量にインドから輸入するようになった。若者は所得の高い、外国人相手の観光業に就職するために英語を習い、国内には格差が生まれつつある。この流れを阻止したいのであれば、ブータンは北朝鮮のようにならなければいけなくなってしまう。

このように、資本主義をやめたからといって経済成長を求める気持ちは止まらないし、それを阻止するには北朝鮮路線になってしまうが、それはそれで幸せな社会とは呼べまい。

経済成長と気候変動はデカップリングできる

では今度は「経済成長思想→気候変動必然」を検証していこう。たしかに人間社会は、産業革命以降、経済成長とともに環境破壊と気候変動を引き起こしてきた。それは否定できない。だが、これは必然ではないと2010年頃から提唱されてきているのが「デカップリング論」だ。ここでいう「デカップリング」とは「切り離す」という意味だ。日本では恋人同士のことをカップルと呼んだりするが、カップルに英語の接頭辞で「否定」や「離れる」を意味する「デ」をくっつけて「デカップル」になると、カップルでなくなる、すなわち「切り離す」となる。デカップリングとは、温室効果ガス排出量を削減しながら、経済成長を実現していこうという考え方を指す。

このデカップリング論を早くから提唱しはじめたのが、環境分野を管轄する国連機関である国連環境計画（UNEP）だった。UNEPは2007年11月に自然科学の研究者を世界中から招集した「国際資源パネル」を創設し、2011年には報告書『デカップリング 天然資源利用・環境影響と経済成長との切り離し』を発表。デカップリングは可能であり、デカップリングを実現していくことが「持続可能な開発」につながるという論を展開し、国際的に大きな話題を呼んだ。

最近、日本では、経済成長を諦めたくない経済界が、都合よくデカップリング論を持ち出したと思っている人もいるが、それは事実とは異なる。UNEPが2011年にこの報告書を出した当時、経済界はむしろデカップリング論に懐疑的だった。経済界は、経済成長は必ず環境破壊を伴ってしまうと考えており、経済成長のためには環境破壊は「必要悪」とさえ認識していた。そのため、UNEPはこの報告書を発表することで、デカップリングは可能だと必死になって経済界を説得しようとしていたのだ。

さらに、このUNEPの報告書には、非常に興味深い一節がある。

繁栄がある線を越えて進むと生産・消費による環境影響が減少する。[21]

デカップリングによって経済成長と環境影響を切り離し、持続可能な開発を実現するためには、単に経済の生産活動で使用する資源の量を相対的に減らしていく省資源だけでは不十分だ。たしかに、この状態であれば経済での資源効率はよくなっていくが、それでも一定の閾値《いきち》を超えれば地球が経済活動に耐えられなくなる。

そのためデカップリングでは、資源利用の絶対量をマイナスにするところまでやりきらなければならない。そして、UNEPの国際資源パネルが、過去のデータから導き出した結論が、社会の繁栄が一定の状況を超えると資源利用の絶対量を削減できるようになるというものだった。

図8をみてみよう。これは先進国と新興国の合計6ヵ国のGDPと温室効果ガス排出量の推移を調べたものだ。[22] 先進国のドイツ、スウェーデン、イギリスでは、1990年と比較し、GDPを伸ばしながらも温室効果ガス排出量はマイナスになっていることがわかる。一

[図8] 1990年から2014年までのGDPと温室効果ガス排出量の推移

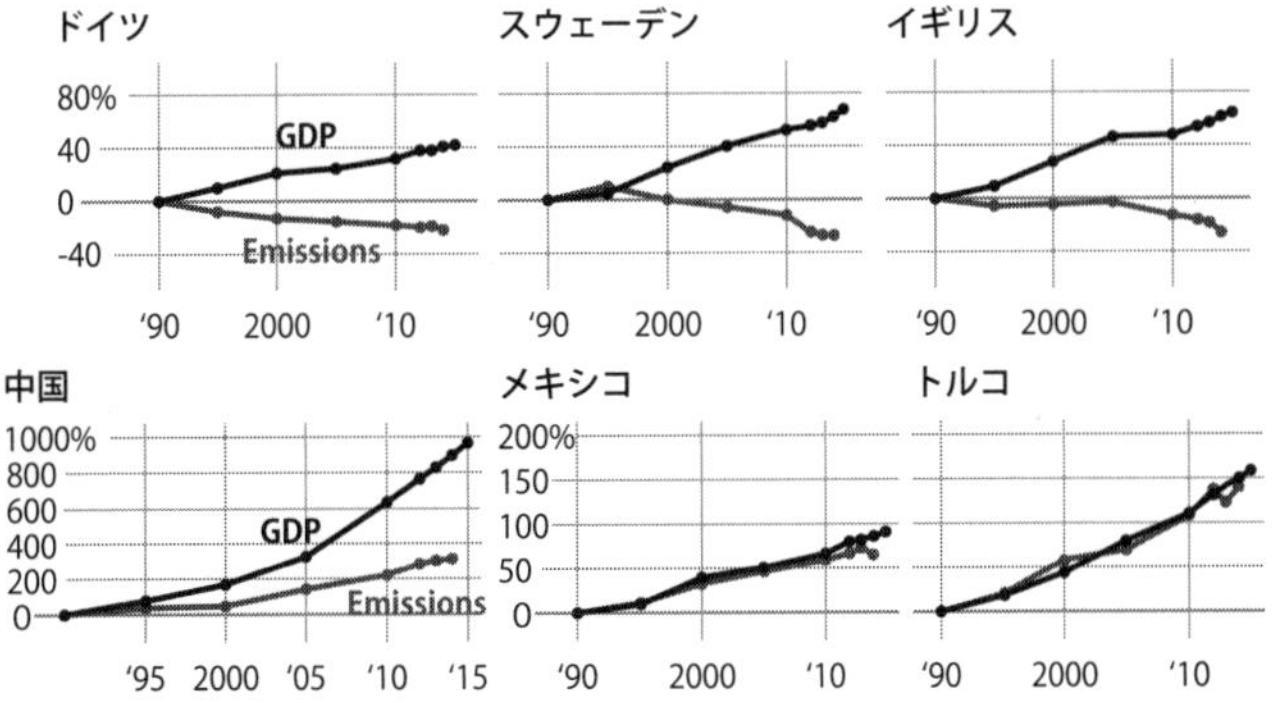

（出所） 世界経済フォーラム（2016）

World Economic Forum (2016) "The decoupling of emissions and growth is underway.These 5 charts show how" https://www.weforum.org/agenda/2016/10/the-decoupling-of-emissions-and-growth-is-underway-these-5-charts-show-how

方、中国、メキシコ、トルコの新興国では、GDPを伸ばしながら同時に温室効果ガス排出量も増加している。特にメキシコとトルコでは、GDPと温室効果ガスがほぼ同じ比率で伸びてしまってきていることがわかる。

これは、UNEPの『デカップリング』報告書が示していた内容で、繁栄が一定の状況を超えるとデカップリングが実現できていることをまさに実証したものだ。

2 リープフロッグ

では、どうして新興国ではGDPと温室効果ガス排出量が比例関係になってしまうのか。その影響には技術力の違いもあると思うが、わたしはそれ以上に人口増加の影響が大きいと考えている。

図9は、アメリカと中国の温室効果ガス排出量の推移を、実排出量、人口あたりの排出量、GDPあたりの排出量の3つの角度から比較したものだ。[23] まず、実排出量のグラフでは、アメリカは2008年まで、中国も2011年まで右肩上がりで上昇したことがわかる。それに対し、人口あたりの排出量を示した真ん中のグラフでは、アメリカでは2008

[図9] アメリカと中国の温室効果ガス排出量の比較

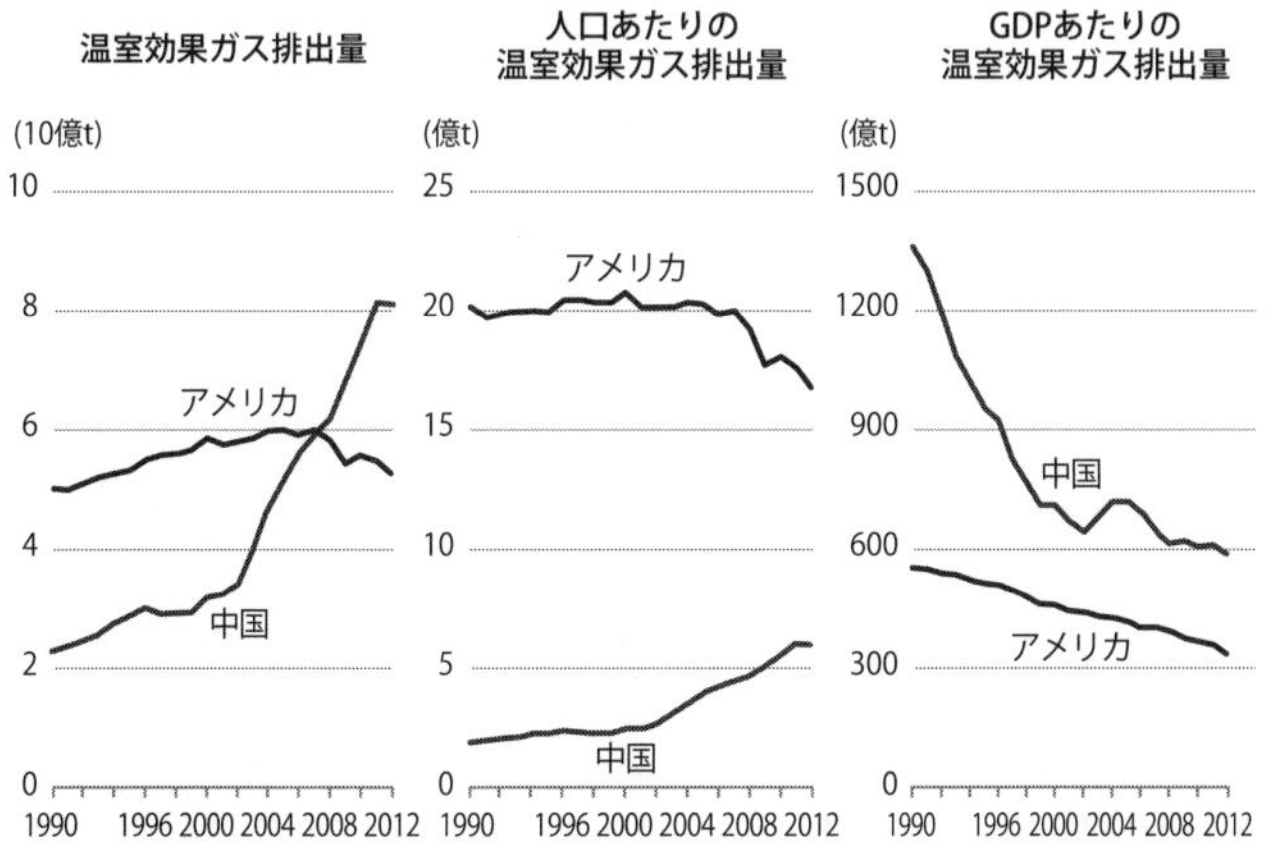

(出所) Newman (2017)

Peter Newman (2017) "Decoupling Economic Growth from Fossil Fuels" Modern Economy 2017, 8, 791-805

年までは横ばいでその後マイナスに転じ、中国でも２０１１年から横ばいになっている。すなわち、実排出量は、経済成長だけでなく人口増加も大きな要因になってきたことがわかる。さらに、経済的な富を示すＧＤＰあたりの排出量を示した一番右のグラフでは、アメリカでも中国でも１９９０年以降大幅に減ってきており、人間社会は排出量を抑えながらＧＤＰを上げることに実際に成功してきている。

このように、温室効果ガス排出量が増えた理由は、ＧＤＰを追い求めた結果なのではない。特に先進国ではすでに、ＧＤＰの観点からも一人あたりの排出量の観点からも、排出量は減少してきている。中国のような新興国では、人口増加とともに一人ひとりが豊かになることで排出量が増えている。ただしそれでも、ＧＤＰという富との比較では、やはり排出量を下げることができてきている。

このようにみてくると、脱資本主義論者が主張している「デカップリングは不可能」という話は、事実に基づいていないことがわかる。そして、たとえ経済成長をストップさせ、ＧＤＰを追い求めなくなったとしても、人口が増え続けるならば温室効果ガスは増え続けてしまう。それもいやなら、世界の人口を急速に減らすという、いかにも非人道的な手段しか残っていないことになる。

しかし、ＵＮＥＰが主張したようにデカップリングが可能ということを前提とすると、人口が増え続けても、繁栄が一定の状況を超え、デカップリングを実現していけば、非人道的な手段をとらなくても温室効果ガスの排出を抑えることができる。

さらには、新興国や開発途上国に対し、先進国の技術を積極的に移転するとともに、イノベーションをより後押しし、雇用も同時に創出していけば、新興国や開発途上国でもデカップリングをした状態で旺盛な経済成長を実現していくことができる。新興国や開発途上国は、そもそも現時点での人口あたりの排出量が先進国に比べて非常に少ない。そのため、初めからデカップリングでの経済成長を実現すれば、そのまま一人あたりの排出量を横ばい、さらにはマイナスにしていくこともできる。

その点は、まさにＵＮＥＰの報告書にも記されている。ＵＮＥＰは、経済成長と生活の質

21　ＵＮＥＰ（２０１１）〝デカップリング　天然資源利用・環境影響と経済成長との切り離し〟p.15

22　World Economic Forum (2016) "The decoupling of emissions and growth is underway. These 5 charts show how" https://www.weforum.org/agenda/2016/10/the-decoupling-of-emissions-and-growth-is-underway-these-5-charts-show-how

23　Peter Newman (2017) "Decoupling Economic Growth from Fossil Fuels" Modern Economy 2017, 8, 791-805

向上と環境制約の3つを両立させるためには、開発途上国には「リープフロッグ（蛙飛び）」と呼ばれる大幅な発展の飛躍が必要だとしたうえで、

リープフロッグには、持続可能性指向のイノベーションを起こす十分な能力と、より持続的な開発を実行可能なオプションにする経済合理的な「リープフロッグ」テクノロジーを実証するイニシアティブを提供し、イノベーションを活用するための一連の適切な制度整備が必要となる。[24]

と提唱している。

ここまでみてきたように、デカップリングは可能とする考え方のほうが、よほど人道的だし、実証データに基づいている。そのため最近では、デカップリングを実現し「グリーン成長」をしようという政策やスローガンが、世界中で広がっている。カーボンニュートラルに向けたスムーズな経済・社会転換を実現できれば、2021年から2040年にかけて25％の経済押し上げ効果があるとの分析結果もある。[25]

デカップリングの成果は、個別企業の単位でもすでに表れてきている。現在、有力な国際

環境NGO4団体が運営している、企業が自主的に設定する温室効果ガス排出削減目標について、パリ協定との整合性があるかどうかを審査するSBTi（Science Based Targets イニシアティブ）という機関がある。この機関は効率性と影響力の観点から大企業の目標審査を中心におこなっている。

SBTiの集計によると、世界の時価総額の20％を占める大企業338社は、売上を伸ばしながらも、2015年から2019年までの5年間で、排出量の絶対量を25％も削減させることに成功している。[26] これは石炭火力発電所78基分の排出量にも相当するほどの量だ。これらの企業はすでに、排出量を削減しながら事業を成長させることに成功している。

この削減実績にはまやかしがあると邪推する人もいるかもしれない。企業が自社での排出量を削減しているようにみせかけて、グループ会社や取引先に排出量の多い業務を押し付けているのかもしれない、と。

しかし、この審査基準を設計・担当しているのは、そもそもが国連グローバル・コンパク

24 UNEP (2011) "Decoupling, Summary for Policymakers" p34-35
25 BlackRock Investment Institute (2021) "Launching climate-aware asset class return expectations"
26 SBTi (2021) "SBTi Progress Report 2020"

ト（ＵＮＧＣ）、ＣＤＰ、世界資源研究所（ＷＲＩ）、世界自然保護基金（ＷＷＦ）という国際的に著名なＮＧＯだ。抜け道を許さないように、グループ会社や取引先も含めた目標設定を必須とする審査基準を設けている。実際、ＮＧＯの審査を通過し、パリ協定との整合性を承認された企業３３８社は、取引先も含めたカーボンニュートラルを２０５０年までに実現することを目標として設定している。

第4章　投資家と銀行が迫るカーボンニュートラル

気候変動が金融危機リスクを生み出している。そのリスクは今後ますます高まっていく。それを食い止めるためには、人間社会の温室効果ガスを削減すればいいという解決策もわかっている。そして、削減するには、デカップリングのためのイノベーションが有効だ。

ここまでわかっていれば、経済成長と国際的な金融システムから利益を得る事業を展開している投資家や銀行にとって、今実施すべきことは何かということは明白だ。温室効果ガスを排出し続けている投融資先の企業や政府に対し、温室効果ガスを削減するように要求しつつ、また自分たちの投融資を、デカップリングのためのイノベーションを起こせる企業に振りわけていけばいい。

1　ＥＳＧ投資が重視するのが気候変動

この話が具体的にみえる形としてあらわれてきているのが「ＥＳＧ投資」の潮流だ。ＥＳＧとは、環境（Environmental）の「Ｅ」、社会（Social）の「Ｓ」、企業統治（Governance）の「Ｇ」の頭文字をとった英語の造語で、２００６年に誕生した。

このＥＳＧ投資がどのように隆盛してきたかは、わたしの前著『ＥＳＧ思考』（講談社＋α新書）に書いているので、詳しくはそちらを読んでいただきたいが、結論からいうと、世の中の投資家は、大規模な投資家であればあるほど、将来を見通してＥＳＧ投資に傾斜している。

そして投資家は、ＥＳＧを構成する環境・社会・企業統治の３つのテーマの中でも、環境テーマ、とりわけ気候変動を重視している。ハーバード大学は２０２０年３月に機関投資家といわれるプロの投資家を対象に実施したアンケート調査結果を発表しているが、最も重要なＥＳＧテーマは何かと尋ねたら、91％の人が「気候変動」と答え、最多の回答だった。[27] アメリカの巨大銀行モルガン・スタンレーも同じような調査を２０２０年に実施しているが、やはり最多は「気候変動」で95％だった。[28]

前述した世界経済フォーラムのダボス会議でも、同じ結果が出ている。世界の著名な経済界関係者に、今後10年間で最もリスクが高いものは何かと尋ねたら、発生確率とインパクトの双方の観点で最も上位に上がったのが「気候アクション失敗」。その次が新型コロナウイルス感染症を含めた「感染症蔓延」だった[29]（図10）。

27　Harvard Law School (2020) "Institutional Investor Survey 2020"
28　Morgan Stanley (2020) "Morgan Stanley Sustainable Signals: Asset Owners See Sustainability as Core to Future of Investing"

［図10］グローバルリスク2021

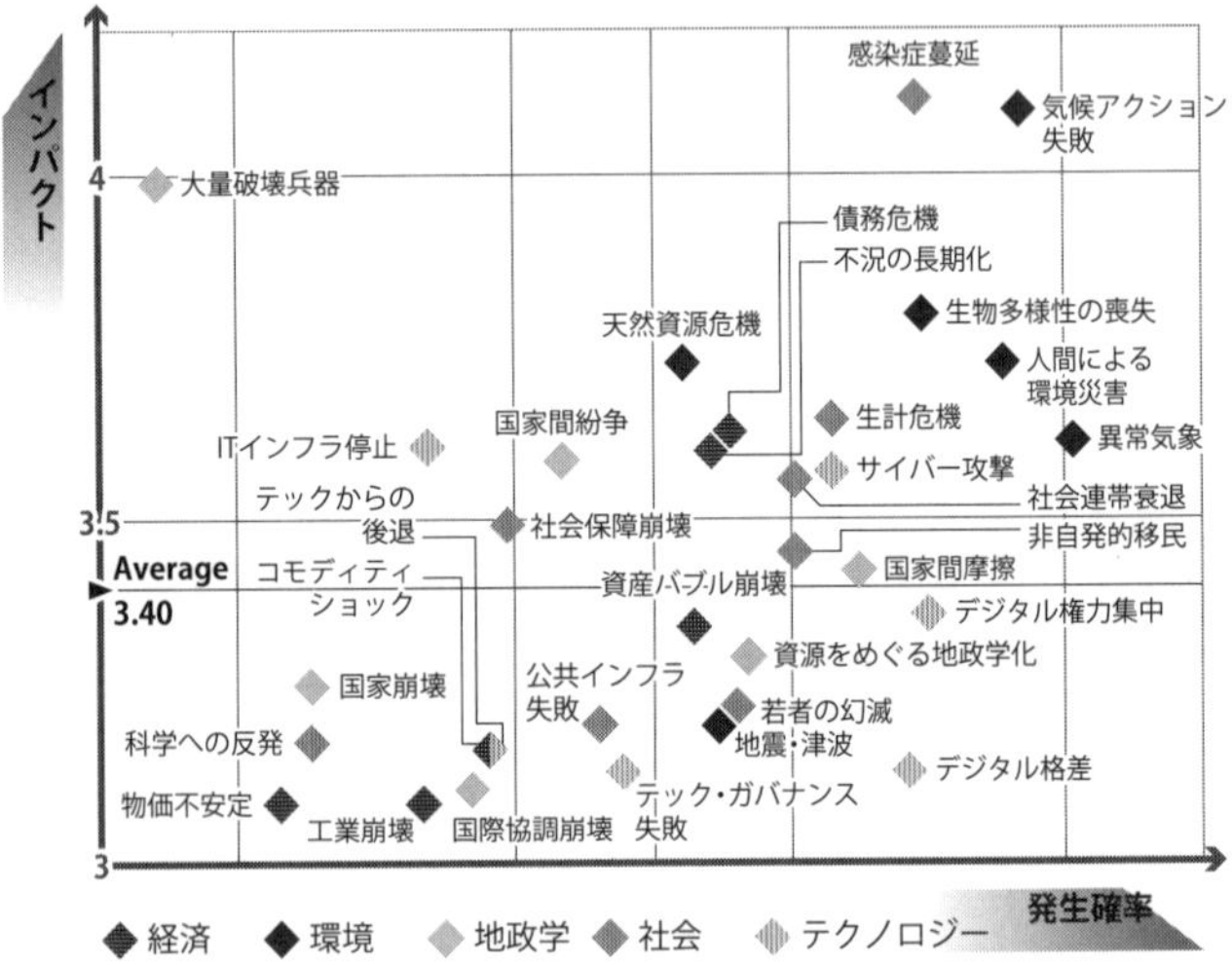

（出所）世界経済フォーラムを基に著者和訳

コロナ危機の真っ只中にいながら、感染症蔓延よりも気候アクション失敗のほうがリスク認識が高い。このことから、世界の経済界がどのくらい本気で気候変動を危険視しているかがわかるだろう。ちなみに、世界経済フォーラムは、このリスクマップを数十年前から毎年発表しているが、気候変動リスクが最大のリスクとして認識されたのは2011年で、それから一貫してずっと最上位のポジションを維持している。

2　巨額プロ投資家の実像

プロの投資家とは、そもそもどんな人たちなのか。投資家や資本家というと、「世界のトップ62人の大富豪が、全人類の下位半分、すなわち36億人と同額の資産を持っている」という話をすぐに持ち出す論者がいる。マイクロソフト創業者のビル・ゲイツ氏やアマゾン創業者のジェフ・ベゾス氏の名前をあげて、世界の富は上位1％の人が簒奪《さんだつ》しており、資本主義は非常に「狂っている」という話を展開したがる。

29　World Economic Forum (2021) "The Global Risks Report 2021"

だが、その話には注意が必要だ。「世界のトップ62人の大富豪が、全人類の下位半分、すなわち36億人と同額の資産を持っている」という話は、2016年にオックスファムというNGOがセンセーショナルに報じたニュース[30]なのだが、報じられていた62人の資産の合計は1・76兆ドル（約190兆円）だった。彼らが保有している資産は、大半が自分たちで創業した会社の株式だ。190兆円という額は、もちろん決して小さな額ではないし、富の不平等をよく示してくれてもいる。

だが、この数字だけを根拠に「62人の大富豪が世界経済を支配している」と主張したとすると、それは論理の飛躍というものだ。2020年時点で、世界で運用されている資産の金額は、全体で280兆ドル（約3京円[31]）もあるのをご存知だろうか。それと比べたら富豪62人の資産合計190兆円は、たかだかその0・6％にすぎない。ものすごくシンプルにいえば、62人の資産が世界の金融市場に及ぼしている影響力は、たった0・6％しかない。世界経済を支配するどころか、微々たる影響力だ。

では、残りの99％の資産は一体どこにあるのか。もちろん、上位62人には入れなかった他の富豪たちが持っている資産もあり、日本の人たちが持っている金融資産も十分その中に含まれる。社会人1年目の若者が、興味本位でネット証券に口座を開設し、5万円の投資信託を購入したとすると、この人も十分「残りの99％」に含まれる。このように個人で投資している人の資産を富豪から一般人まで積み上げていくとだいたい63％になる。

残りの37％は機関投資家と呼ばれる投資家で、この中の最大勢力は、わたしたちの年金を預かって、老後の年金を少しでも増やそうと運用してくれている年金基金と呼ばれる機関だ。世界の年金基金全体では、なんと53兆ドル（約5800兆円）もの資産を運用している。その他の機関投資家には、保険会社やアラブ産油国の政府系ファンドなどがあるが、年金基金と比べたら保有資産額は断然小さい。そのため投資運用の業界では「年金基金はキング」といわれる。

年金基金は、実際には資産運用を運用会社と呼ばれる専門の金融機関に委ねることも多い。運用会社とは、「○○アセット・マネジメント」「○○インベストメント・マネジメント」「○○投資顧問」のように、いかにも資本主義の香りがしそうな社名を持つが、彼らですら、お金を預けてくれるクライアントである年金基金には逆らえない。それが「年金基金

30　Oxfam International (2016) "62 people own the same as half the world, reveals Oxfam Davos report"
31　PwC (2017) "Asset & Wealth Management Revolution: Embracing exponential change"

はキング」といわれる所以《ゆえん》だ。どの程度の投資リターンを求めるかは、キングである年金基金が決める。運用会社は、年金基金が期待する投資リターンに応えられなければ、スパッと切られて、他の運用会社に乗り換えられてしまう。

個人投資家と違って、年金基金は一つの機関で数十兆円から数百兆円の資産を運用している。そのため運用会社は、個人投資家よりも年金基金に対して、時間も、お金も、神経も使う。その意味では、資本主義型の世界経済を支配しているのは誰かといえば、たった0・6%の大富豪などではなく、年金基金のほうが、はるかに影響力が大きい。

3　クライメート・アクション100＋(プラス)

資産運用業界のキングである年金基金と、その弟分とも呼べる保険会社、さらにはキングから資産を預かって運用している運用会社が結集して、投資先企業の温室効果ガス排出量の削減を強烈に進める団体が、世界にはいくつもある。ここでは、その中でも特に有力なものを紹介しよう。

2017年に発足した「クライメート・アクション100＋」（CA100＋）には、20

２１年4月現在、５７５の年金基金、保険会社、運用会社が加盟しており、各々の運用資産を合計すると54兆ドル（約５９００兆円）にもなる。１８０兆円の運用資産を持つ日本の公的年金基金ＧＰＩＦも、１３０兆円の運用資産を持つノルウェーの公的年金基金ＧＰＦＧも、50兆円の運用資産を持つカリフォルニア州の公務員年金基金カルパースも、９２０兆円の運用資産を持つ世界最大の運用会社ブラックロックも、クライメート・アクション１００＋に加盟している。

クライメート・アクション１００＋に加盟している投資家の運用資産合計額５９００兆円が、どのぐらい大きいかというと、時価総額世界最大のアップルの丸々25社分、時価総額日本最大のトヨタ自動車なら２１７社分、アメリカ国家予算で換算すると11年分にも相当する。ちなみに５９００兆円で日本の東証一部上場企業の株式をすべて取得しても５２００兆円のお釣りがくる。

この団体は今、世界で温室効果ガス排出量の多い１６７社に狙いを定め、株主の権限を行使して温室効果ガス排出量を削減するよう直接圧力をかけている。１６７社の温室効果ガス排出量は、世界全体の工場からの排出量のうち80％を占めるため、この１６７社のターゲット企業がカーボンニュートラルを実現してくれると、人類にはかなり希望が出てくる。

解説1　排出量のスコープ

国際的に、各組織の温室効果ガスの排出量は、排出源により3つに分類される。

- スコープ1：自組織の経済活動から直接排出された排出量
- スコープ2：取引先での排出量のうち調達した電力の発電で生じた排出量
- スコープ3：取引先での排出量のうちスコープ2を除外したもの

カーボンニュートラルを宣言する際には、スコープ1とスコープ2のみを対象とする場合と、スコープ3も含める場合の2通りがある。同じカーボンニュートラルでも、後者のほうが、圧倒的に難易度が高い。企業や政府がカーボンニュートラルを発表する際には、前者と後者のいずれの内容かを慎重に確認する必要がある。
クライメート・アクション100＋では、エネルギー、自動車、化学、資源採掘、食品、消費財に関しては、スコープ3までのカーボンニュートラルを要求している。

この団体が167社に要求していることは、2050年までにカーボンニュートラルを実現しろというものだ。しかもカーボンニュートラルが要求されている対象は、自社だけではなく、グループ企業全体、さらには取引先も含んでいる。そのため、自社に部品を納めてくれているサプライヤーや、製品を販売している相手企業、設備や機械を調達した相手など、社外の取引先企業に対してもカーボンニュートラルを要求しなければならない（解説1）。

しかも、このことを会社の取締役会が責任をもって遂行することも、要求事項に入っている。2050年カーボンニュ

解説2　クライメート・アクション100＋の対象になっている海外企業

石油・天然ガス：サウジアラムコ、エクソンモービル、シェブロン、コノコフィリップス、BP、ロイヤル・ダッチ・シェル、エネル、トタル、中国石油天然気（ペトロチャイナ）、中国海洋石油（CNOOC）、ガスプロム、ロスネフチ、ペトロブラスなど
石油化学：ダウ、デュポン、BASF、バイエル、エア・リキード、台湾プラスチック、SKイノベーションなど
資源採掘：コール・インディア、グレンコア、ヴァーレ、リオ・ティント、BHP、アングロ・アメリカン
重工業：アルセロール・ミタル、ティッセンクルップ、ポスコ、GE、シーメンス、鴻海精密工業（フォックスコン）など
自動車：GM、フォード、ダイムラー、フォルクスワーゲン、ルノー、ボルボ、ステランティス、グループPSA、ロールス・ロイス、上海汽車（SAIC）など
航空機：ボーイング、エアバス、ロッキードマーティンなど
航空：エールフランスKLM、アメリカン航空、デルタ航空、ユナイテッド航空など
食品・消費財：コカ・コーラ・カンパニー、ペプシコ、ネスレ、ダノン、P&G、ユニリーバ
小売：ウォルマート、ウールワース

ートラルに抵抗するような業界団体に加盟したり、政府関係者や国会議員にロビー活動したりすることにも目を光らせている。

これらが要求されている167社には、日本企業ではトヨタ、ホンダ、日産、スズキ、日立、パナソニック、東レ、ダイキン工業、日本製鉄、ENEOSの10社が含まれている（海外企業は解説2を参照）。要求方法はシンプルで、実際にこの団体の代表機関が167社の取締役やCE

0に面会を求め、直接的に要求事項を伝えてくる。要求事項には、自社だけでなく取引先でのカーボンニュートラルも含まれているので、日本の10社の主要取引先にも、いずれはこの10社からカーボンニュートラルが要求されていくことになる。

167社が要求事項に従わないとどうなるか。株主総会で問題として大きく取り上げられ、株主提案という形で公式に改善要求を突き付けてくる。最悪のケースでは取締役を解任し、要求事項に従う取締役の選任を迫ってくる可能性もある。

実際にクライメート・アクション100+は、2021年2月時点ではバークシャー・ハサウェイ、エクソンモービル、GE、GM、フィリップス66の5社に対し、株主総会で問題として取り上げる意思を示している。

ここまでの気迫で株主から迫られた大企業は、株主からの要求に従わざるをえなくなる。クライメート・アクション100+は、毎年要求アクションの成果を開示しており、2020年の活動の結果、BP、中国石油天然気（ペトロチャイナ）、ロイヤル・ダッチ・シェル、SKイノベーション、BHP、ウールワース、ユニリーバ、アメリカン航空、デルタ航空、ロールス・ロイス、フォード、ENEOSなどが要求事項の方向に動いたと成果を示している。

4　ネットゼロ・アセットオーナー・アライアンス

クライメート・アクション100＋が特定の167社にターゲットを絞った活動を展開しているのに対し、167社だけではなく、すべての投資先企業を対象にカーボンニュートラルを要求していこうという新たな団体も2019年に発足した。これが「ネットゼロ・アセットオーナー・アライアンス」だ。発足当初の加盟投資家数は12で、運用資産合計は260兆円だったが、今では37機関、620兆円にまで拡大している。

こちらの団体には、資産運用業界キングの年金基金と、弟分の保険会社のみに加盟資格があり、運用会社は加盟できない。それだけ実際の資産を持っている「アセットオーナー」と呼ばれる投資家が、意思を持ってカーボンニュートラルに向き合うことを重要視している。

加盟しているのは、カリフォルニア州公務員年金基金のカルパース、フランス公的年金基金ERAFPとFRR、デンマーク年金基金ペンション・デンマーク、国連職員の年金基金UNJSPFなどと、保険会社ではアリアンツ、アクサ、チューリッヒ保険、スイス再保険、ミュンヘン再保険、SCORなどの世界大手。アジアからは日本の第一生命保険が第1

号で加盟した。

これらの大手機関投資家の投資先は、先進国の全上場企業といっても過言ではない。日本でいえば、東証一部上場企業は彼らの投資先に組み込まれていると思ったほうがいい。ということは、先進国の上場企業のほとんどは、この団体の活動の影響を受ける。

ネットゼロ・アセットオーナー・アライアンスは、団体名の通り、２０５０年カーボンニュートラルを投資先にコミットさせることを目的としている。投資先には上場企業もあるが、国債などの債券にも投資しているため、債券投資先である各国政府にも２０５０年カーボンニュートラルを要求していくことになる。さらに中間目標として２０３０年までに排出量を50％削減することと、２０５０年以降の排出量見通しを開示することも要求事項に盛り込んだ。もし投資先の企業が、要求事項に従わなかった場合は、株式と債券の全売却も視野に入れている。

ネットゼロ・アセットオーナー・アライアンスが、なぜ最初から株式・債券を一斉売却（ダイベストメントともいう）するのではなく、対話を通じて、投資先企業や政府に２０５０年カーボンニュートラルにコミットさせようとしているかについては、大きく2つの理由がある。

まず、彼らの最終ゴールは金融危機を起こさないようにすることであり、企業と政府にカーボンニュートラルを実現させることを最優先にしているためだ。株式や債券を売却しても、その企業がカーボンニュートラルを実施せずに存続していれば、金融危機を防げない。もう一つの理由は、2050年カーボンニュートラルにコミットする企業や政府が減っていけば、自分たちの投資運用先がなくなっていき、最終的には十分な投資運用ができなくなってしまうと考えているからだ。

ネットゼロ・アセットオーナー・アライアンスの活動は、国連も積極的に支持している。実際に、国連環境計画・金融イニシアチブ（UNEP FI）という国連機関が発起人に加わり、団体の事務局を務めている。パンダのマークでおなじみの国際的な環境NGOである世界自然保護基金（WWF）も活動支持団体に名を連ねている。今や国連もNGOも、気候変動対策のために投資家の影響力に期待している。

その後、アセットマネージャーと呼ばれる、年金基金や保険会社から資産運用を受託する運用会社でも同様の動きが自主的に始まった。それが「ネットゼロ・アセットマネージャーズ（NZAM）」だ。2021年4月末の時点で、世界87の運用会社が加盟しており、運用資産は4000兆円。世界の運用会社の資産総額の40％を占めるまでになっている。

5　銀行によるカーボンニュートラルの動き

機関投資家の動きは、基本的には上場企業や政府にしか影響を及ぼさず、非上場企業に影響は及ばない。もちろん、クライメート・アクション100+のように、上場企業の影響力で、非上場の取引先にもカーボンニュートラルが要求される動きにつながるものもある。だがそれ以外にも、上場企業ではない企業に関しては、融資を受けている銀行からのプレッシャーがこれから徐々に始まっていく。

企業からすると、銀行は資金を融資してくれる貸し手だ。だが一方で、大手の銀行は上場企業でもある。そうすると、銀行には株主がいて、投資家からの影響を受けることになる。これまでみてきたように、ESG投資に傾斜している投資家は、投資先である銀行に対してもカーボンニュートラルを求めるようになってきており、さらに銀行の融資先にもカーボンニュートラルへの転換を促すよう要請する動きになってきている。

国連責任銀行原則（PRB）

それが具現化した一つの枠組みが、2019年に発足した国連責任銀行原則（PRB）だ。PRBはESG投資の動きを、ESG融資に応用展開することを目的としている。PRB発足の立役者は、ESG融資に関心の高かったアメリカのシティグループ、イギリスのバークレイズ、フランスのBNPパリバとソシエテ・ジェネラルなどの欧米豪の大銀行と、韓国のハナ金融グループや新韓フィナンシャルグループ、中国最大手の銀行である中国工商銀行（ICBC）、その他新興国の銀行を合わせた30社だ。

この30社の中には、気候変動による金融危機リスクを認識し、融資を通じたカーボンニュートラルを実現することに期待した銀行もあれば、金融危機リスクについてはよく理解していないものの、ESG融資という大きな時代の潮流を感じ、創設機関として仲間入りしておいたほうがビジネスチャンスにつながると考えた銀行もある。ただし新興国の銀行は後者だと早合点してはいけない。新興国から積極的に参加した銀行の中には、すでに自然災害の被害を多く受けており、金融危機リスクを痛感しているところも少なくないからだ。

創設機関メンバーに日本の銀行はいなかったが、2021年4月までに三菱UFJフィナンシャル・グループ、三井住友フィナンシャルグループ、みずほフィナンシャルグループ、三井住友トラスト・ホールディングス、野村ホールディングス、滋賀銀行、九州フィナンシャルグループの7社が加盟した。世界全体では2021年4月時点で220社が加盟、資産額は全体で50兆ドル（5500兆円）を超える。

PRBに加盟すると、環境や社会に対しプラスのインパクトを生み出していく義務が課される。具体的には、各銀行グループが、現状生み出している環境と社会に対するネガティブとポジティブ双方のインパクトを査定することが要求される。査定においては、厳密に定量的にインパクトを測定すること以上に、自社グループの融資事業によって社会や環境に負のインパクトをもたらしていることを前提とし、自覚することが非常に重視されている。この初回の査定を、加盟から1年半後までに実施するという期限が設けられている。

その上で、インパクトに関する目標設定をおこない、2年に一度以上、進捗状況を開示することも義務化される。この一連のプロセスを、加盟から4年以内に完遂しなければならない。

この一連のサイクルが洗練されてくると、融資先の企業は、大きな影響を受けることとなる。なぜなら、融資先企業が環境や社会に対して負のインパクトを生み出していないか、さらには融資で調達した資金が確実にプラスのインパクトを生み出す方向に使われているかがチェックされるようになるからだ。

もちろん銀行は収益のために融資しているので、しっかりと元本と金利を回収しなければならない。すなわち、銀行から融資を受ける企業は、環境と社会にプラスのインパクトを起こしながら、同時に利益も生み出すという高次元の経営が求められるようになっていく。

ＰＲＢ加盟銀行のうち43社は２０２１年４月、新たに「ネットゼロ・バンキング・アライアンス」を発足させた。日本の銀行は未加盟だが、加盟銀行には投融資先の企業に２０５０年までのカーボンニュートラルを要求するコミットメントが課される。

グリーンローン

インパクト観点を含めたうえで開発された融資商品の一つが、グリーンローンと呼ばれる融資だ。グリーンローンは、融資で調達した資金の使途が特定の環境目的に限定される。またローンを得るためには、事前に外部機関によって、環境目的での調達資金の使い途《みち》や分別管理の方法、調達した後のインパクトの報告フレームワークなどに関する審査を受けることが強く推奨されている。

日本の事例では、日本郵船が、船舶からの排ガス処理装置を目的としたグリーンローンで銀行から融資を受けている。滋賀銀行は、中小の地場企業に対しても、すでにグリーンローンでの融資を始めている。

サステナビリティ・リンク・ローン（SLL）

インパクト観点を盛り込んだもう一つの新しい融資商品は、サステナビリティ・リンク・ローンだ。サステナビリティ・リンク・ローンは、融資を受ける際に、事前に環境や社会の観点での目標（これをSPTという）を設定し、目標を達成すると融資条件が優遇される。具体的には、目標を達成すると金利が下がったり、反対に目標が達成できないと金利が上がったりする。このように環境・社会観点での経営改善をおこなうことに対するインセンティブ付けがなされている。

サステナビリティ・リンク・ローンも、グリーンローンと同様に、事前に外部機関によって目標設定の妥当性などに関する審査を受けることが強く推奨されている。

ポジティブ・インパクト・ファイナンス（PIF）

ポジティブ・インパクト・ファイナンスは、融資先の企業の事業が経済・社会・環境に与えているインパクトを、ポジティブとネガティブの双方の観点から包括的に分析し、ネガティブインパクトの緩和とポジティブインパクトの拡大について目標を事前に設定することを義務化した融資。目標に対する進捗状況の公表も義務化される。

この融資商品は、三井住友信託銀行が２０１９年に世界で初めて開発した。すでに不二製油グループ本社、Ｊ．フロントリテイリング、住友金属鉱山、日本製紙などへの融資実績がある。滋賀銀行や新生銀行もポジティブ・インパクト・ファイナンス型の融資商品を提供している。今後、他の地方銀行や信用金庫などにも広がっていくだろう。

6　著名な気候変動活動家も資本主義の作法に従う

ジャーナリストの間で人気のある気候変動活動家も、資本主義の作法に従い、金融市場の原理を活用して明るい未来を創造しようと、運用会社の経営者になったりしている。

たとえば、『不都合な真実』という本を出版し、世界中に気候変動危機について警鐘を鳴らしたアル・ゴア元アメリカ副大統領は、気候変動活動家を続けつつ、イギリスでジェネレーション・インベストメント・マネジメントという運用会社を２００４年から経営している。世界最大の運用会社ブラックロックで最高投資責任者だったデビッド・ブラッド氏が共同経営者で、現在310億ドル（約3・4兆円）の資産を運用している。

2015年のパリ協定採択の立役者となったクリスティアナ・フィゲレス元国連気候変動枠組条約（UNFCCC）事務局長も、退任後にグローバル・オプティミズムというシンクタンク企業を創業している。グローバル・オプティミズムは2019年にアマゾンと共同で、企業がカーボンニュートラルを2040年までに実現することを自主コミットする活動「気候誓約」を発足させた。

フィゲレス氏は経済的な影響力を敵視するのではなく、アマゾンという巨大企業の経済的な影響力をむしろ巧みに活用することで、カーボンニュートラルを実現しようとしている。アマゾンとグローバル・オプティミズムの活動は奏功しており、現在までに、マイクロソフト、IBM、ユニリーバ、シーメンス、Uber、メルセデス・ベンツ、ジェットブルー航空など50社以上が加盟している。

7　日本政府の反応

菅首相の所信表明演説までに何があったのか

日本では2020年10月に菅首相が2050年カーボンニュートラルを突然宣言したことを本書の冒頭で紹介した。しかし、その予兆は、その約8ヵ月前の2020年2月にあった。

コロナ禍が始まる前の2月、日本の首相はまだ安倍晋三氏の時代。このとき、運用資産を合計すると37兆ドル（4100兆円）にもなる631の機関投資家が、安倍首相に一通の共同書簡を送った。内容は、日本が当時掲げていた「2030年度までに温室効果ガス排出量を2013年度比で26％削減する」という目標が低すぎるので、目標を改定し、2050年までにカーボンニュートラルを実現するよう要請したものだった。[32] すでに、2050年カーボンニュートラルを迫る機関投資家の声は、日本政府にまで届いていた。

その後、コロナ危機の本格化により、安倍政権はカーボンニュートラルに関しては、何も発表をしないまま9月に退陣した。安倍首相の退陣後に急遽《きゅうきょ》実施された自民党総裁選挙で、菅義偉官房長官が勝利するのだが、そのときの報道では、菅政権の政策の目玉は、感染

32 AIGCC（2020）〝投資家グループが日本の温室効果ガス削減目標引き上げを要請：COP26に向けて圧力が高まる〟 https://www.aigcc.net/wp-content/uploads/2020/02/170220_Media-Release_Japan-NDC_JAPANESE.pdf

拡大防止策、打撃を受けた企業や自営業者に対する経済支援、そしてコロナ禍で露呈した日本のデジタル化の遅れを取り戻すための政策になるだろうと考えられていた。

実際に菅首相は、就任初日の9月の記者会見で「今、取り組むべき最優先の課題は新型コロナウイルス対策」「経済の再生は引き続き政権の最重要課題」とはっきりと言い切っていた。さらに、国民への給付金支給やワクチン接種を念頭におきつつ「行政のデジタル化の鍵はマイナンバーカードです」「複数の省庁に分かれている関連政策を取りまとめて、強力に進める体制として、デジタル庁を新設いたします」と語っていた。[33]

9月の記者会見では、カーボンニュートラルという言葉は一言もなかった。唯一「ポストコロナ時代にあっても、引き続き環境対策、脱炭素化社会の実現、エネルギーの安定供給もしっかり取り組んでまいります」と、かろうじて「脱炭素化」という言葉はあったが、特段実現の時期も示されておらず、「脱炭素化」に注目したメディアはほとんどいなかった。

しかし、わずか1ヵ月後の10月の所信表明演説で事態は一変する。ここで「2050年カーボンニュートラルを目指す」という言葉が突如として現れ、さらにその発言の直前には「菅政権では、成長戦略の柱に経済と環境の好循環を掲げて、グリーン社会の実現に最大限注力してまいります」とまで言い切り、カーボンニュートラルは最重要政策と位置づけられるまでに格上げされていたのだ。

このように流れを追うと、新政権誕生の9月から所信表明演説のあった10月までの間に、大きな潮の変化があったと考えるのが普通だろう。そもそも所信表明演説とは、国会で新たに就任した新首相が、立法府である国会に対して政権の政策方針を説明する重要な場であり、ほぼ間違いなくテレビで報道される。そのため、新政権の中枢にとって、所信表明演説の内容が国民の共感を呼ぶか、新政権への期待を集められるか、新内閣のカラーを明確に打ち出せるかは、最初の大仕事となる。国会での首相指名から所信表明演説までのわずかな時間で、政権の重要政策を固め、演説する内容を慎重に決定していかなければならない。

菅政権成立から所信表明演説までの1ヵ月の間に、カーボンニュートラルに熱心な人物が複数、菅首相と長時間面会している。

そのうちの一人が、当時、経済産業省参与を務めていた水野弘道・GPIF元理事兼最高投資責任者だ。9月27日に菅首相と36分間、面会している。分刻みでスケジュールが進む首相の時間を30分以上確保できるのは、かなりの重要案件といえる。

33　首相官邸（2020）〝菅内閣総理大臣記者会見〟kantei.go.jp/jp/99_suga/statement/2020/0916kaiken.html

水野氏は、日本の公的年金基金であるGPIF理事を2020年3月末まで務め、日本でのESG投資普及の立役者だ。日本の産業界に対し、カーボンニュートラルを目指さなければ国際競争力が落ちていくと警鐘を鳴らし続けていた。ESG投資の普及をすすめる世界最大機関の国連責任投資原則（PRI）の理事も4年半務め、2021年2月にはアントニオ・グテーレス国連事務総長のイノベーティブ・ファイナンス&サステナブル投資担当特使にも就任している。

もう一人が、水野氏と同様に、安倍政権時代から閣僚としてカーボンニュートラルの重要性を訴え続けていた小泉進次郎環境大臣だ。10月14日に26分間、そして所信表明演説の直前の10月22日にも32分間、菅首相と面会している。

さらに、自民党再生可能エネルギー普及拡大議員連盟の事務局長を務める秋本真利衆議院議員も、菅首相の総裁選の公約時に2050年カーボンニュートラルを直談判していた。

また菅首相は、10月14日には世界経済フォーラムのシュワブ会長とも30分間、テレビ会議をしている。すでに説明してきたように、世界経済フォーラムもカーボンニュートラルを積極的に主張し、アクションを起こしている団体のため、ここでも菅首相の経済政策に対して、カーボンニュートラルの提言があったと考えてもおかしくはないだろう。

所信表明演説に向けての政策協議では、産業界からも経済産業省に対しカーボンニュートラルを政策の柱にするよう働きかけたとの報道もある。[34] クライメート・アクション100+や、ネットゼロ・アセットオーナー・アライアンスをはじめ、株主から2050年カーボンニュートラルを要求されていた大企業は、政策支援を受けるためにカーボンニュートラルを標榜するよう、経済産業省に要請していたという。

報道によると、当初、経済産業省は、2020年の米大統領選挙での共和党のトランプ候補と民主党のバイデン候補の戦いに決着のつく同年12月から2021年1月を目処に、2050年カーボンニュートラルを宣言するつもりだった。しかし、所信表明演説という節目のタイミングが、それにより前に来たため、10月の表明になったという。このように考えると、本書冒頭で紹介したように、経団連が12月に発表したカーボンニュートラル提言の中で、所信表明演説よりも前から2050年カーボンニュートラルの準備を進めていたという話は、実際の動きとの辻褄《つじつま》が合う。

34　日経エネルギーNext（2020）〝菅首相、2050年カーボンニュートラル宣言の舞台裏〟 https://project.nikkeibp.co.jp/energy/atcl/19/feature/00001/00036/

グリーン成長戦略

政府は、10月に宣言した2050年カーボンニュートラルを実現するため、2020年12月に『2050年カーボンニュートラルに伴うグリーン成長戦略』という産業転換方針を採択した。採択の場は、成長戦略会議という、菅政権において非常に格の高い会議体だった。議長は内閣官房長官で、副議長は経済再生担当大臣と経済産業大臣。場合によっては各省の大臣が委員として参加する。この会議で決定された事項は、政府の重要方針となり、各省の政策に大きな影響を与える。

『2050年カーボンニュートラルに伴うグリーン成長戦略』では、14もの業種について、2050年までのイノベーションと産業転換の大きな方向性を示したものとなっている。対象の業種は非常に多岐にわたり、世の中にある企業は基本的にすべて影響を受けることになる。

対象となった14業種

- 洋上風力産業

- 燃料アンモニア産業
- 水素産業
- 原子力産業
- 自動車・蓄電池産業
- 半導体・情報通信産業
- 船舶産業
- 物流・人流・土木インフラ産業
- 食料・農林水産業
- 航空機産業
- カーボンリサイクル産業
- 住宅・建築物産業／次世代型太陽光産業
- 資源循環関連産業
- ライフスタイル関連産業

2050年までのカーボンニュートラルは、節電程度では到底実現できはしない。必ず大胆な産業転換が必要となる。この産業転換を見事に成し遂げられた企業は今後も輝いていくことができる。反対に、産業転換に失敗したり、変化をおそれて躊躇《ちゅうちょ》したりした企業は、徐々に経営が傾いていく。

第5章　カーボンニュートラル政策による各産業への影響

1　電力――全電力をまかなえるほどの洋上風力発電ポテンシャル

日本は2018年時点で、電力からの温室効果ガス排出量が4・5億tあった。2050年にカーボンニュートラルを実現するということは、これをネットゼロにしなければならない。

2018年の日本全体の電源構成は、天然ガス火力38%、石炭火力32%、石油火力2%、その他火力5%、水力8%、原子力6%、再生可能エネルギー9%[35]。このうち温室効果ガス排出は、石炭火力、天然ガス火力、石油火力が大半を占めている。この3つのうち、発電量あたりの温室効果ガス排出量が段違いで多いのが石炭火力だ。

では2050年にカーボンニュートラルを実現したときの世界の電源構成はどうなっているのだろうか。これについては、機関投資家の国際団体が2019年にシナリオを示している[36](図11)。

これによると、圧倒的に多数を占める電源は、風力と太陽光。風力が37%、太陽光が29%で、この2つで全体の66%を占める。風力がここまで伸びるのは、海上に風車を設置する洋

［図11］2050年カーボンニュートラルでの電源構成の推移（世界）

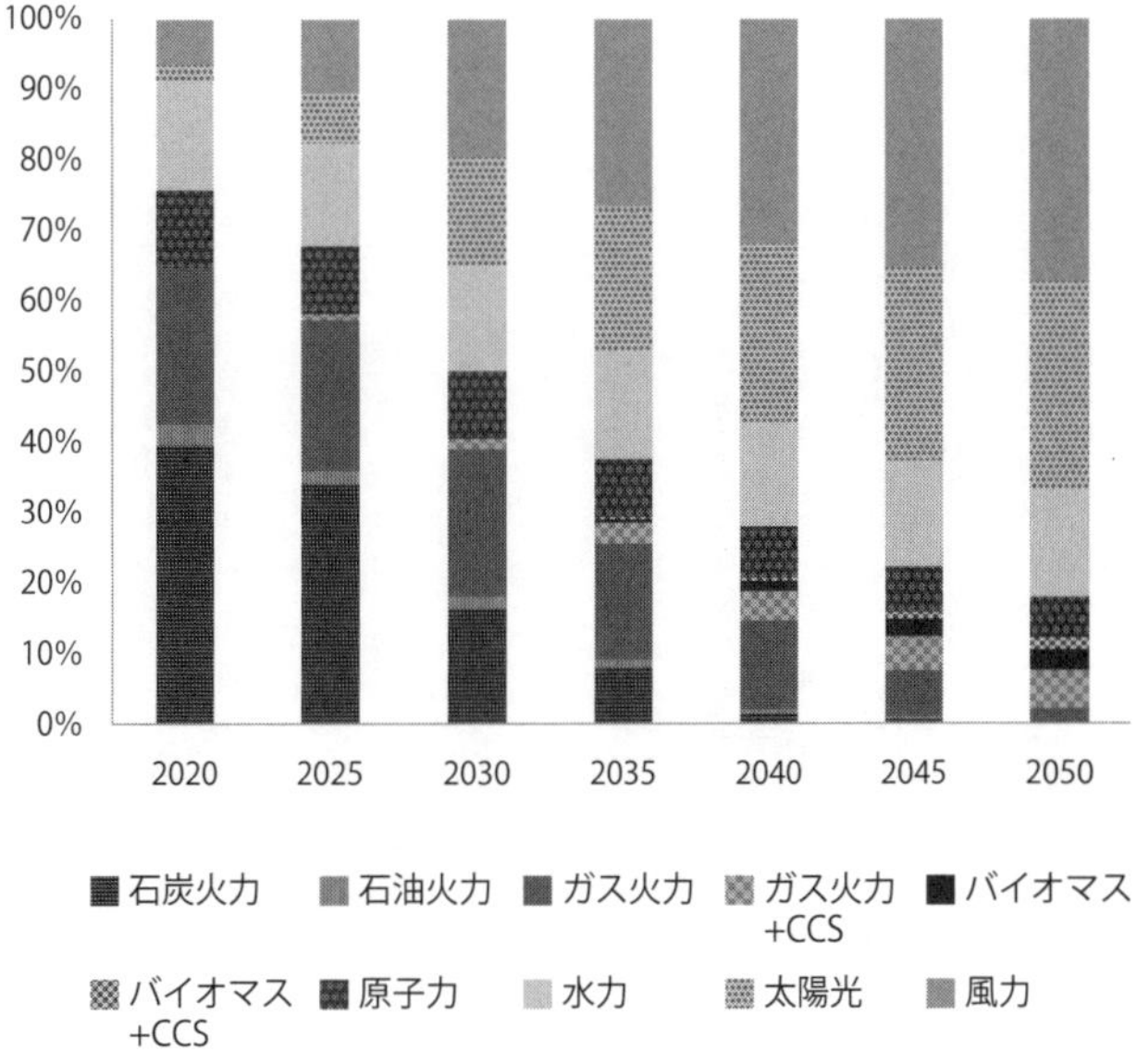

（出所）PRI（2019）“The Inevitable Policy Response” を基に著者和訳

上風力発電のポテンシャルが大きいためだ。洋上風力は風車のサイズを大きくすることができ、発電効率を上げやすい。実際に2000年頃には2MW型が最大サイズだったが、2016年には5MW型、そして2021年までにシーメンス・ガメサ・リニューアブル・エナジーとヴェスタスという欧州企業2社が15MW型を発表するなど、イノベーションが著しい。

洋上風力の設置方式は、浅瀬では海底に固定した着床式洋上風力、遠浅では海上に浮遊させる浮体式洋上風力の2つがある。コストの観点から着床式しかまだ普及していないが、現在、浮体式洋上風力の研究開発も急速に進んでいる。2050年頃には、浮体式洋上風力発電でもコスト競争力が持てるとの観測も根強い。

太陽光と風力に、水力15%を加えると81%となり、8割を超える。残りは原子力6%、バイオマス3%、バイオマス+CCS（炭素回収・貯留）が2%など。2030年からは、原子力発電の発電絶対量が横ばいで設定されている。その背景は、政治的理由により複数の国で脱原発が推進されたり、原発再稼働や新設にブレーキがかかったりすることと、原子力発電のコスト競争力が落ちていくことが織り込まれているためだ。

火力発電は、ガス火力2%、ガス火力+CCSが5%で、わずか7%にまで減少する。石炭火力と石油火力はもはやゼロだ。石炭火力や石油火力にもCCSを付けて二酸化炭素を回収すればゼロエミッションにできるが、コスト競争力がなくなると考えられている。

もちろん、この図11の中に登場していない発電手法もたくさんある。たとえば、地熱発電は大きなポテンシャルがあり、潮流発電や海流発電も今後多少は出てくるだろう。原子力発電に関しても、原発事故を引き起こした過去のある、現在の核分裂型原発だけでなく、今後、事故リスクを小さく抑えられる小型モジュール炉（SMR）や、事故リスクが限りなく小さいといわれる核融合型原発などが出てくると、原発ポテンシャルは上がってくるかもしれない。

核融合型原発では、日本・EU・アメリカ・ロシア・韓国・中国・インドの7ヵ国が参加している「国際熱核融合実験炉（ITER）」プロジェクトが2007年に発足し、現在フランスに実験炉を建設中。それと同時に、核融合分野では、著名な大学教授と組んだベンチャー企業も台頭してきた。特に、アメリカのコモンウェルス・フュージョン・システムズ、イ

35　資源エネルギー庁（2020）「エネルギー白書2020」
36　PRI (2019) "The Inevitable Policy Response"

ギリスのトカマク・エナジー、カナダのジェネラル・フュージョンの3社は、世界の核融合技術開発をリードする存在にまでなってきている。

これらのように、図11のシナリオに想定されていないゼロエミッション電源も増えてくると、火力発電はますます出番がなくなっていく。日本では、三菱パワー、東芝、川崎重工業、IHIなどが、燃焼しても温室効果ガスの出ない水素やアンモニアを燃料とした火力発電を推しており、既存の火力発電所を改修して、延命流用する水素火力やアンモニア火力の可能性も模索されている。

水素とともに、アンモニアが選択肢として浮上してきた理由は、アンモニア（NH_3）は水素原子を3つも持つ分子構造で、爆発リスクのある水素と違い、運搬や管理が容易だからだ。だが、もともと水素とアンモニアは電気を使って生産をしており、再び水素やアンモニアを使って発電することに関しては非常に非効率的な発電手法と言わざるをえない。さらに、水素とアンモニアは蓄電媒体としての機能はあるが、その機能を商業化するには、水素を燃やさず燃料電池として活用することが主。水素にしてもアンモニアにしても、火力発電の燃料として活用することの必要性は、まだあまり感じられていない。

廃棄物を燃料とするごみ発電も同様だ。プラスチックや廃材などを燃料としたごみ発電は、日本にも数多くあり、一見、ごみを使って発電しているためリサイクルしているようにもみえる。それでも、ごみを燃焼すれば、やはり二酸化炭素が発生する。そのため国際的には、ごみはエネルギーとして利用するのではなく、アップサイクルして再び素材として活用すべきという意見が年々強まってきている。もはや開発途上国でもごみ発電の勢いは弱い。

日本では、再生可能エネルギーへの移行が進めば発電コストが上がるとの懸念も根強い。しかし、世界平均では２０３０年に向けて再生可能エネルギーの発電コストはさらに下がり、太陽光と洋上風力では化石燃料を使った火力発電のコストを下回るとの予測が出ている。[37]そのため、むしろ発電コストは現状よりも下がっていくとの見方が強い（図12）。

もちろんこれは世界平均だ。日本では地理的環境から再生可能エネルギーは不利だとも言われている。だが、日本には洋上風力発電ポテンシャルが、着床式だけで１２８ＧＷ、浮体式も加えると５５２ＧＷもあり、[38]これだけで日本国内のすべての電力を十分にまかなえてしまう。その上、日本には地熱発電ポテンシャルが51ＧＷあり、[39]耕作放棄地で太陽光発電をお

37　IRENA (2020) "Global Renewables Outlook: Energy transformation 2050"
38　日本風力発電協会（２０２０）〝洋上風力の主力電源化を目指して〟
39　環境省（２０１４）〝平成25年度地熱発電に係る導入ポテンシャル精密調査・分析委託業務報告書〟

[図12] 2030年での各電源の平均発電コスト

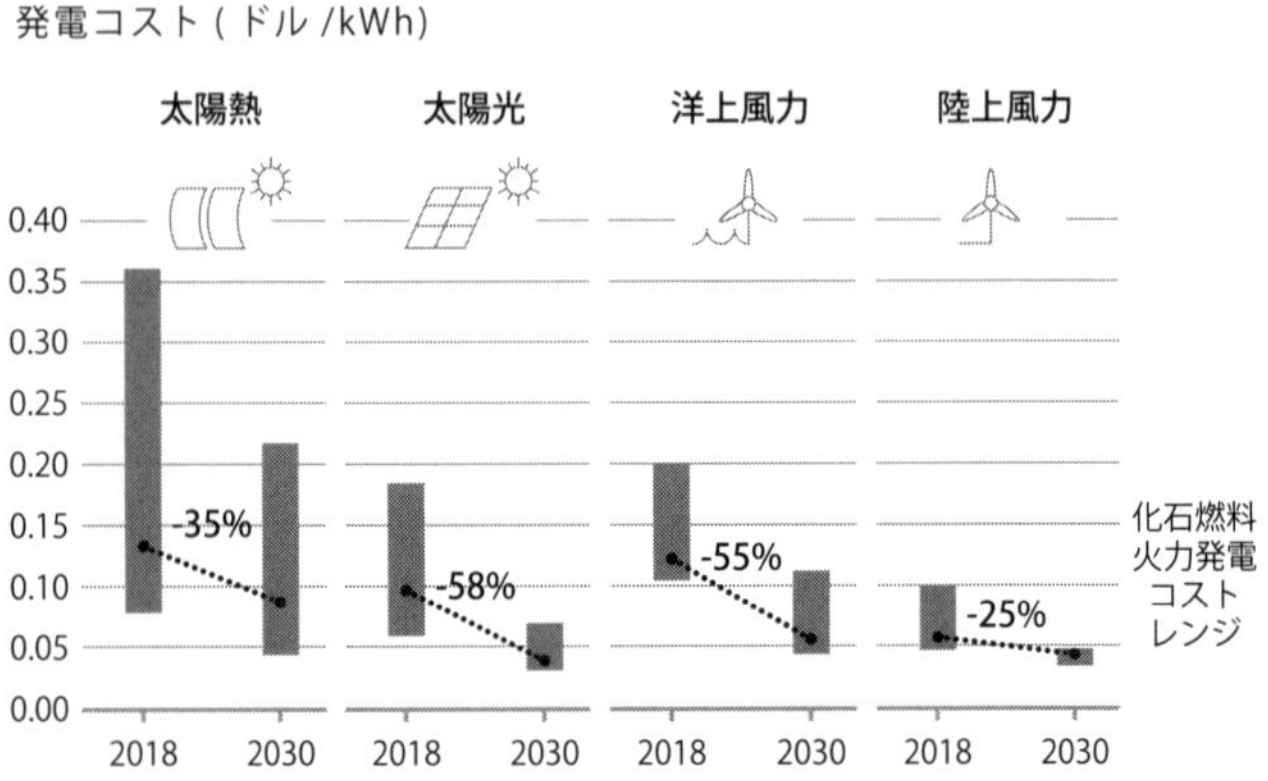

（出所）IRENA（2020）“Global Renewables Outlook: Energy transformation 2050” を基に著者和訳

こなうポテンシャルも大いに残っている。耕作放棄地ではなく営農中の農地で同時に太陽光発電もおこなうソーラーシェアリングにも大きな可能性がある。

あとは、日本がこれらのポテンシャルを活かせるだけのコストイノベーションを起こしていくかどうかだ。もちろん簡単なことではないが、実現できれば、このコスト競争力を武器に、広大な海外市場にも輸出できるようになる。日本市場だけを視野に入れるか、世界市場を視野に入れるかで、設備投資や事業提携相手のスケールに大きな違いが出てくる。

2　交通・運輸――EV化の流れは止まらず

交通・運輸も温室効果ガスの排出量が大きく、世界の排出量全体の16％を占めている。排出量が多い理由は、自動車、バス、トラック、船舶、飛行機のどれも動力源として石油を使っているからだ。最近では排出量を抑制することができるガス自動車なども出ているが、それでも排出量はゼロではない。

自動車でカーボンニュートラルを進めるには、走行時に温室効果ガスを排出しない電気自動車（ＥＶ）、もしくは燃料電池自動車（ＦＣＶ）が、一般的な解決策となる。かつては「エコカー」と呼ばれたハイブリッド車や、ＥＶとガソリン車の両方の機能を搭載したプラグインハイブリッド車（ＰＨＶ）は、燃費は良いが走行時の温室効果ガス排出量をゼロにすることはできない。

自動車についても、やはり機関投資家グループから見通しが出ている[40]（図13）。２０５０年カーボンニュートラルが実現されれば、２０５０年にはガソリン・ディーゼル車は４％にまで激減する。ＥＶバッテリーを搭載するスペースを確保できないといわれていた軽自動車や小型自動車でも、すでにトヨタ自動車やスズキ、出光興産などがＥＶ化構想を発表している。

大型車のバスについても、以前はＥＶやＦＣＶでは馬力が出ないといわれた時代もあった。しかし、今では中国のＢＹＤ（比亜迪汽車）がすでにアメリカ、中南米、欧州でＥＶバスを販売している。トヨタ自動車のＦＣＶバスも東京で走っている。

トラックでも、テスラやボルボ、ダイムラー・トラックなどがＥＶトラックの開発計画を進めている。トヨタ自動車や現代自動車はＦＣＶトラックの開発計画を発表しており、ダイムラー・トラックとボルボ・グループは２０２１年にＦＣＶ大型車両開発のための折半合弁会社セルセントリックを設立した。新興企業でも、アメリカのニコラがＥＶトラックとＦＣ

［図13］2050年カーボンニュートラルでの乗用車構成の推移（世界）

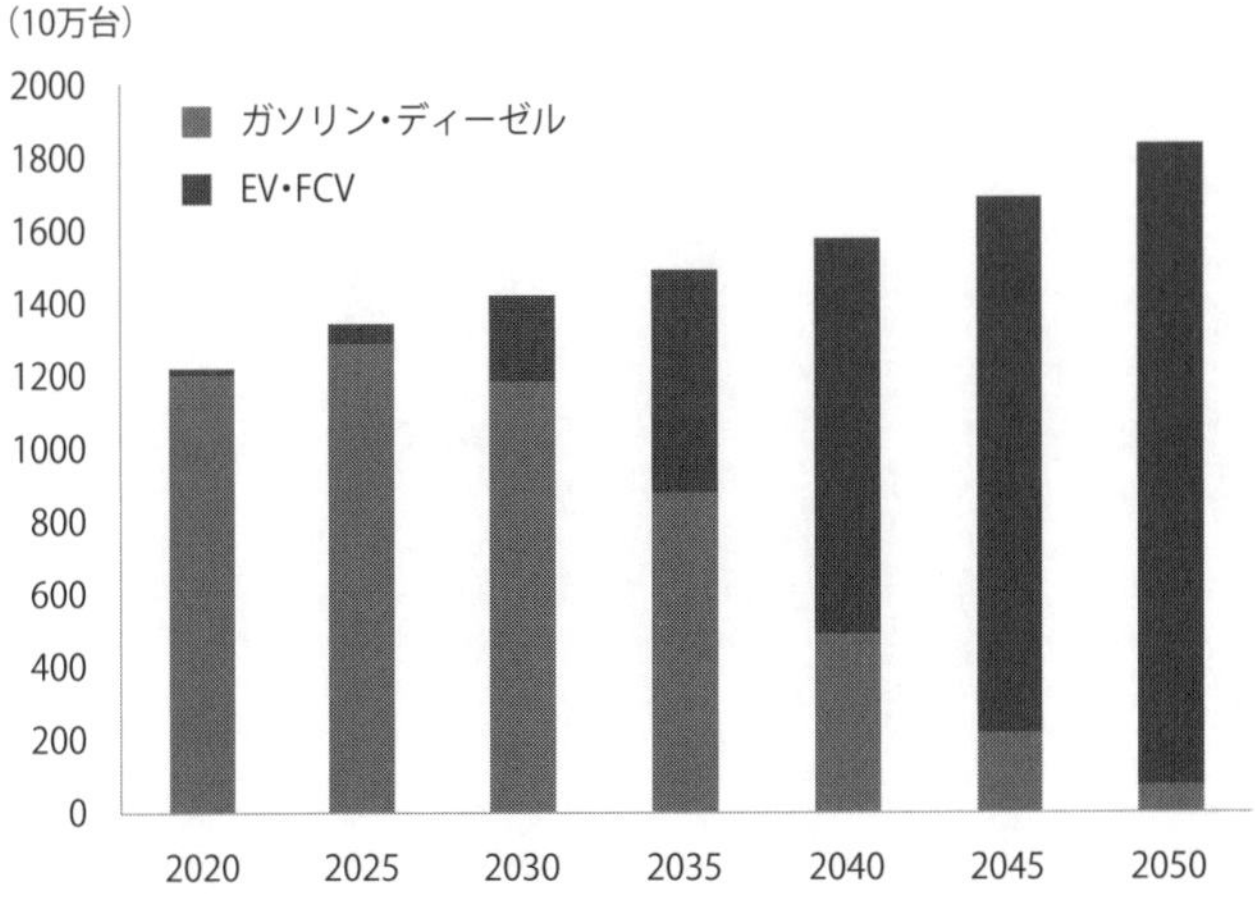

（出所）PRI（2019）"The Inevitable Policy Response"

Vトラックの開発を進めている。

二輪車ではEVスクーターがすでに世界各地で普及している。

FCVの燃料となる水素については、製造段階でのカーボンニュートラル転換が今後進む。現在流通している水素は、アンモニア製造工場などで副生物として発生した水素が大半だ。それに最近では、褐炭と呼ばれる低品質石炭やガスを原料とし、化学変化で水素を取り出す手法も出てきている。ただし、これらの製法では生産時に大量に温室効果ガスが発生する。そのためこれらは「グレー水素」とダークな名称が付けられている。

そこで現在、グレー水素に代わって、ブルー水素、グリーン水素、イエロー水素、ターコイズ水素の4種類が代替製法として提唱されている。ブルー水素は、グレー水素の生産時にCCUS（炭素回収・利用・貯留）設備をくっつけて、工場内で二酸化炭素を回収することでカーボンニュートラル化する。グリーン水素はまったく違う製法で、再生可能エネルギー電力を用いた水電解で水を水素と酸素に分解する。イエロー水素はグリーン水素生産時の電力に原子力発電を利用するバージョンだ。

最後のターコイズ水素は、アメリカのスタートアップ企業C-Zeroが開発している新製法で、メタンガスを固定炭素に熱分解し、水素を抽出する特殊な技術を用いる。ただし、副生物として生成される固定炭素の使い途がまだなく、燃料として活用されたり、埋立廃棄物となったりする可能性がある。そのため、この技術を開発したC-Zero自身は、ターコイズ水素はブルー水素やグリーン水素がコスト競争力を持ち普及するまでの暫定技術としてみているらしい。

水素を経済政策やエネルギー政策の柱に据えている国は、もはや日本だけではない。今では中国、EU、アメリカ、韓国も、日本と同等もしくはそれ以上の水素政策を打ち出している。特に国内市場が小さく早くからグローバル市場を視野に入れている韓国は、2020年に大統領直轄の水素経済委員会を創設し、水素生産、燃料電池自動車（FCV）や、後述する水素還元製鉄への投資を加速させている。すでにSK、現代自動車、ポスコ、ハンファ、暁星の5大財閥で2030年までに4兆円の投資計画を発表済みだ。政府も780億円の補助金で企業をサポートする。

船舶では、従来型の重油燃料船からガス燃料船へ切り替えることで排出量を削減する動きが早くから出ていたが、すでに時代はカーボンニュートラルへと突入している。デンマーク

40　PRI (2019) "The Inevitable Policy Response"

のAPモラー・マースクは、植物由来のバイオエタノールのみで運航する世界初のカーボンニュートラル長距離航路船を2023年に走らせる構想を発表した。さらにAPモラー・マースクの財団「APモラー財団」は、アメリカ船級協会（ABS）、カーギル、MAN Energy Solutions、シーメンス・エナジー、トタル、三菱重工業、日本郵船などと共に、カーボンニュートラル海運研究センター「マースク・マッキンリー・モラー・センター」設立の検討を進めている。

また船舶では、燃料切り替えだけでなく、燃料消費量削減のためのDX（デジタルトランスフォーメーション）活用も活発化している。ZeroNorthは、過去の運航データや気象データ等を活用し、運航を最適化し、燃料消費量を削減するソフトウェアを提供していることで有名だ。

他にも、昔ながらの帆を使った動力エネルギー活用での燃料消費量削減も模索されている。斬新なところでは、スウェーデンの企業が、大型自動車運搬船に巨大な帆を張って二酸化炭素排出量を90％削減する「Oceanbird」計画を進行中だ。

航空機では、植物由来のバイオ燃料を用いたジェット燃料が「持続可能な航空燃料（SAF）」と呼ばれるようになり、近年、航空会社が積極的に活用する動きをみせている。その流れを受け、ボーイングはＳＡＦのみで運航できる航空機を２０３０年までに開発すると発表済みだ。ＳＡＦでは、フィンランドの石油化学大手ネステが、植物性の廃油から高性能のジェット燃料を生産する技術を確立し、現在、圧倒的な世界最大手の地位にある。世界中の大手航空会社に大量販売しており、日本では伊藤忠商事、韓国ではＬＧ化学との事業提携を開始した。また日本では、ユーグレナが２００５年の創業当時から、養殖ミドリムシを使ったジェット燃料開発を追求し、２０２１年３月に16年越しでバイオジェット燃料の開発に成功し、国際規格を取得した。

一方、エアバスは、水素を燃料として使用しジェットエンジンを回す航空機や、燃料電池で駆動するプロペラを搭載した航空機のコンセプトモデルを発表。燃料に油を用いない航空機の開発構想を進めている。また、アメリカではmagniXとAeroTECがバッテリー駆動する電動飛行機の共同開発を進めており、すでにセスナ機でのテスト飛行を成功させた。

それと同時に、航空機については、鉄道に代替する方向性も強く打ち出されてきている。特に鉄道と競合する短距離路線については、温室効果ガス削減の観点から、鉄道への移行が望ましいという声が浮上してきた。フランス政府が、コロナ禍での航空大手への財務支援の条件として、短距離路線の削減を要求したほどだ。日本でも東京－大阪の路線については、空港での待機時間や空港からの移動時間を考えると、新幹線移動のほうが飛行機移動よりも所要時間が短い。

船舶や航空機では、それ以外の地道なエネルギー転換も進行中だ。たとえば、船舶や航空機は、港や空港での停泊時にも、船体や機体を動かしたり空調を作動させたりするためのエネルギーが必要だが、積載している燃料エネルギーを消費するのはもったいない。そこで港や空港の施設から電源ケーブルをつなぎ、再生可能エネルギーの電力を供給するオペレーションも開始された。

ちなみに、輸送機器について、電動化や燃料電池化するのではなく、あくまでも内燃機関でのエンジン駆動にこだわり、石油の代わりに合成燃料「eフューエル」を用いようという勢力もいる。その中心的な国が日本だ。特にCCU（炭素回収・利用）で回収した炭素に、ブルー水素やグリーン水素を化学反応させ、合成燃料を生産する方法が模索されている。しかし、そもそもCCUでの炭素回収や水素生産そのものが高コストという課題を抱えていることを考慮すると、どこまでコスト競争力を持つことができるかが不安視もされている。合成燃料を活用する目的が、エンジン駆動の内燃機関部品事業を守ることだけだとすると、最終的には構想が頓挫する可能性もある。

自動車、船舶、航空機で電動化や燃料電池駆動化が進められると、温室効果ガス排出観点での新たな課題も浮上する。それは、電池や燃料電池を生産するための工程で、温室効果ガスを追加排出してしまうことだ。だが、そのための対策もすでに動きだしている。EUでは電池生産による温室効果ガス排出量を減らすために、電池部品の再生素材含有量を法定義務化する政策を発表済みだ。また世界経済フォーラムは、企業主導で、電池だけでなく車両のすべての部品をリサイクルした再生素材のみで製造する検討も始めている。世界経済フォーラムの試算では、EV車両を再生素材のみで生産し、EV電力を再生可能エネルギーにすれば、ライフサイクル全体での温室効果ガス排出量を現状のガソリン車より98％も削減できる。[41]

3　ICT産業——AI活用でデータセンター電力消費量を40％削減

モビリティのEV化とともに、今後の電力需要を大幅に増加させていくのがICT産業だ。あらゆる分野がデジタル化されていけば、その分だけ電力需要が増加していくことにな

41　World Economic Forum(2020)“Raising Ambitions; A new roadmap for the automotive circular economy”

る。

識者の予測では、中庸シナリオで、今後ICT産業は20・9％の電力需要増を経験していくという[42]（図14）。そうだとすれば年間の電力消費量は2010年の2000TWhから、2030年には8000TWhまで4倍にも増加していく。

するとICT産業では、電力消費量の削減とゼロエミッション電源への切り替えが不可欠となる。すでにAIを活用したサーバーセンターでの電力消費量の最適化については大きな成果が出ており、2016年には、グーグルが買収したAIベンチャーのディープマインドがグーグルのデータセンターにAIを導入したところ、データセンターでの電力消費量を40％も削減できた[43]。

さらに今後普及が期待されている量子コンピュータは、既存のデータプロセッサと比べて大幅に電力消費量を削減できることでも知られている。たとえば、グーグルのAI Quantumチームが2019年に発表した量子ビットコントローラは、既存のコントローラと比べて電力消費量を1000分の1に減らすことができている。量子コンピュータは超電導状態で動作するため電気抵抗がゼロになり、廃熱を出さない。超電導状態で走行するリニアモーターカーが、従来の電車と比べて電力消費量を大幅に下げることができるように、量子コンピュ

［図14］デジタル化によるICT産業の電力需要予測

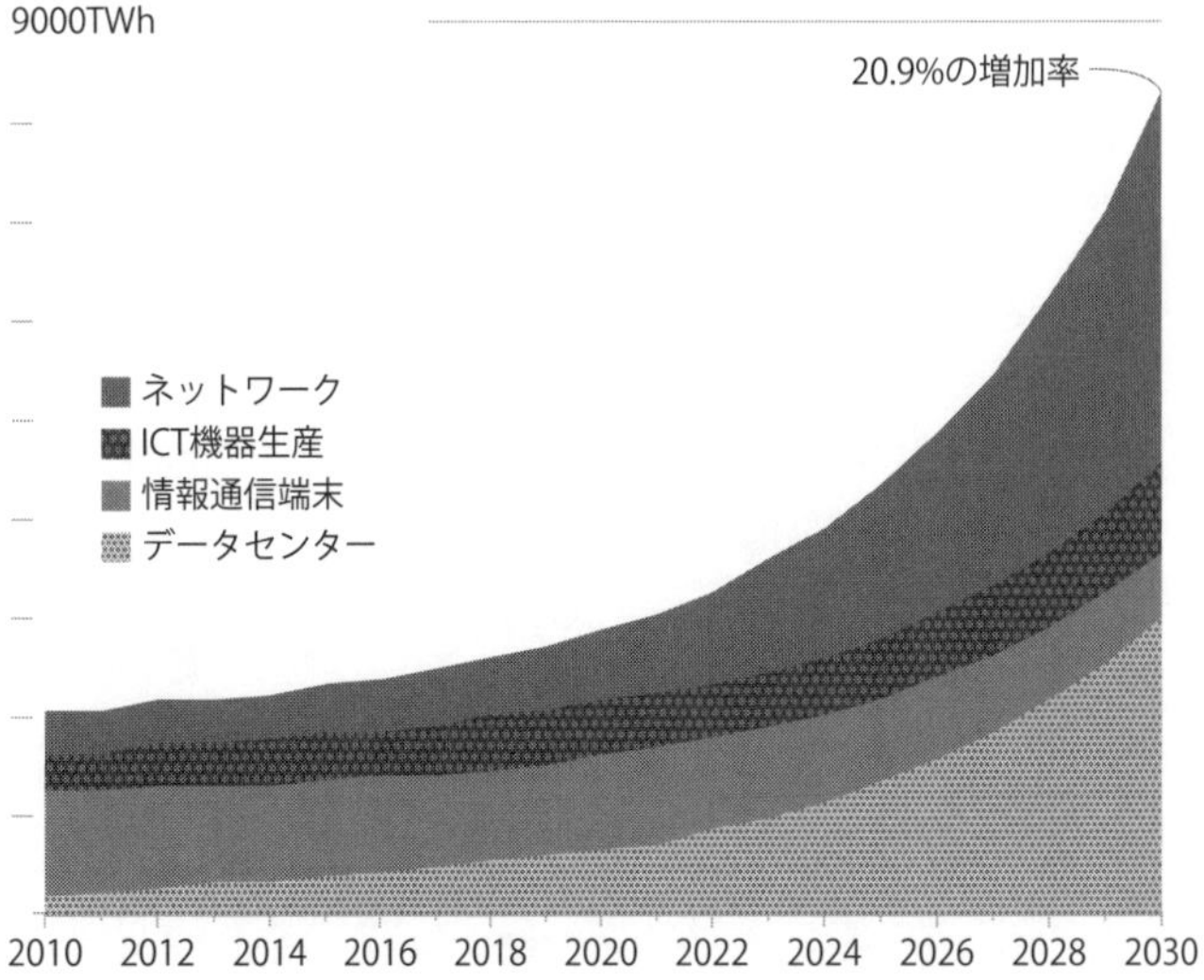

（出所）Nicola Jones (2018) "The Information Factories" Nature, Vol.561

ータは温室効果ガス排出量削減の観点からも注目されている。

4 鉄鋼――製鉄大手でも水素と電炉へ

製鉄では、一般的な製法である高炉製鉄工程での二酸化炭素排出量が特に大きい。高炉とは、製鉄所にそびえ立つ背の高い塔のことで、高炉の中では高熱で鉄鉱石を溶かしつつ、石炭を蒸し焼きにしたコークスを投入し、酸化された脆《もろ》い鉄鉱石から鉄分子を還元抽出している。日本では日本製鉄、JFEスチール、神戸製鋼所の3社が高炉を持っている。この高炉では、炉内を高熱状態にするための燃料も必要なため、燃料からも二酸化炭素が出る。しかし、それ以上にコークスを用いて酸化鉄（FeO）状態になっている鉄鉱石から鉄分子を抽出する際に、残りの酸素とコークスの炭素が結合し、大量の二酸化炭素が出てしまう。

二酸化炭素を排出せずに鉄鉱石から鉄分子を抽出する方法は、主に3つある。1つ目が既存の高炉の排気口にCCUS設備を設置することで、大気中に二酸化炭素が出る前に回収してしまう方法。課題はやはりCCUSのコストだ。

2つ目が水素還元方式と呼ばれる方法で、コークスの代わりに水素を用いる。この方法だと、酸化鉄に結合している酸素を切り離して水素と結合させても、水（H_2O）にしかならない。こちらの課題は大量の水素が必要になることと水素生産コストだ。水素還元方式は、スウェーデンの鉄鋼大手ＳＳＡＢが一足早く２０２０年に大規模実証プラントの稼働を開始し、ゼロエミッション型製鉄の先鞭《せんべん》をつけた。実証プラントに必要な水素は、水力発電や再生可能エネルギー発電を活用したグリーン水素で大規模供給している。

３つ目が溶融酸化物電気分解（ＭＯＥ）と呼ばれる方法で、酸化鉄に電子をぶつけることで、酸素イオンを引き剝《は》がし、鉄分子を抽出する。副生物としては、酸素イオンと電子が反応し、酸素しか出てこない。この技術はアメリカのスタートアップ企業ボストン・メタルが持っている技術で、２０２４年から大規模実証プラントを建設する予定だ。

ただし、鉄鉱石を原料とするいずれの製法も、鉄鉱石を採掘する過程で温室効果ガスが発生してしまう。鉄鉱石は森林の地下に埋蔵されていることも多く、採掘するために地表の森林を伐採することが少なくないからだ。さらに地下に滞留しているメタンガスなどを大気中

---

42 Nicola Jones (2018) “The Information Factories” Nature, Vol.561

43 Deepmind (2016) “DeepMind AI Reduces Google Data Centre Cooling Bill by 40%” https://deepmind.com/blog/article/deepmind-ai-reduces-google-data-centre-cooling-bill-40

に放出させてしまうこともある。

そのため、鉄鉱石から鉄を作るのではなく、廃棄されたスクラップ鉄をリサイクルして新しい鉄製品を作ることにも注目が集まっている。この方式は電炉製鋼法と呼ばれ、超高温の放電熱でスクラップ鉄を溶かし、酸素や窒素などの不純物を除去することで、再び高品質の鉄が得られる。超高温の放電熱を作り出すためには大きな電力が必要だが、それでも高炉製鉄よりは二酸化炭素排出量がはるかに少ない。また使う電力を再生可能エネルギーに切り替えれば、排出量を大幅に引き下げることができる。

電炉はすでに確立した技術だが、課題は品質だ。従来の製法では、高炉製鉄より大きく品質が劣っていたが、品質を高炉製鉄と同レベルにまで引き上げるための研究開発が近年進められている。すでに製鉄大手は電炉製鋼法の割合を増やしていく将来事業計画を相次いで発表している。

大手では2020年にタタ・スチール、アルセロール・ミタル、ポスコなどが2050年カーボンニュートラルを表明。日本製鉄も2021年にそれに続いた。

5　非鉄金属——資源サイクルの課題克服がカギ

非鉄金属には、アルミニウム、マグネシウム、リチウム、チタンなどの軽金属や、金、銀、プラチナなどの貴金属、銅、亜鉛、鉛、錫《すず》などのベースメタル、ニッケル、マンガン、モリブデン、タングステン、タンタル、コバルトなどのレアメタルなどが含まれる。どれも電子機器を作るのに不可欠な素材だ。非鉄金属も、鉄と同様に原料が地中に埋まっていることが多く、採掘過程で温室効果ガスを排出してしまう。海底に埋まっていることもあるが、海底資源採掘でも海底に貯留されているメタンガスを大気中に放出してしまう。

そのため、各々の素材でも、廃棄物から資源を回収し、リサイクルして再生素材として再活用することが重要となる。資源リサイクルの課題は、各素材を複雑に絡めた製品設計にしてしまっていたり、廃棄物の回収フローが社会的に確立されていなかったり、リサイクル工程で大量の熱や電気を使ったり、抽出するための化学物質が環境や健康に有害だったりすることだ。すでに各々の課題については、世界の各地域や企業単位でも、克服に向けたアクションが始まっている。

特に、リサイクルしやすい製品設計と、リサイクル技術の開発では、技術イノベーションが実現のカギとなる。そこで、イノベーションを促進するために、機械学習、量子コンピューティング、IoTなどを活用するDXも持ち込まれている。

他にも、アルミニウムについては、製錬工程で大量の放電熱を必要とするが、この電力を再生可能エネルギーに切り替えていくことも重要となる。

6　石油化学――進むケミカルリサイクル

利便性が高く、生活のあらゆるところで活用されているプラスチックも、大きな課題を抱えている。レジ袋やペットボトル、菓子袋だけでなく、コンタクトレンズ、歯ブラシ、ビニール傘、化学繊維、電子機器の部品、自動車の部品、住宅設備、塗装ペンキ、農業用マルチフィルム、漁網などもプラスチックでできている。

プラスチックの原料はもちろん石油だ。石油化学コンビナートの大規模工場で石油を蒸留して、石油に含まれている各成分を分離し、そこからガソリン成分が抽出されるのと同じように、プラスチックの原料成分も抽出されている。日本で石油化学コンビナートを保有している企業は、三菱ケミカル、三井化学、住友化学、昭和電工、旭化成、ＥＮＥＯＳ、出光興産、東ソー、丸善石油化学の９社だ。

プラスチックは、以前は品質やリサイクル技術の観点から、廃プラスチックをリサイクルするよりも、焼却した熱で発電などをおこなうエネルギー回収が最も資源効率が良かった。理由としては、リサイクル工場での作業工程で膨大なエネルギーが必要となり、リサイクルすることで余計に温室効果ガスが出てしまっていたからだ。

しかし、その後のリサイクル技術のイノベーションにより、欧米を中心に、リサイクル時のエネルギーを大幅に削減することに成功。[44] プラスチックをリサイクルする動きが一気に広がってきている。

プラスチックのリサイクル技術には、廃プラスチックを細断したうえで再度溶かして成型する「マテリアルリサイクル」と、廃プラスチックを化学的に還元して単純な分子に戻し、もう一度化学反応させてプラスチックを成型する「ケミカルリサイクル」の２つがある。マテリアルリサイクルは、技術的には容易だが、リサイクルするたびに品質が劣化してしま

44 BASF (2020) “Evaluation of pyrolysis with LCA–3 case studies”

い、いつかは使えなくなってしまう。反対にケミカルリサイクルは、元の原料と同等の品質を実現できるため、最近ではこちらの注目度が高い。

とりわけ近年、ケミカルリサイクルの中でも大きな競争力を持ちつつあるのが、複数の異なるプラスチック製品を分別することなく高温溶解し、不純物を取り除いたうえで、石油と同様に蒸留してプラスチック成分を抽出してしまう手法だ。これは「フィード・ストック型」と呼ばれ、大規模処理技術と最新鋭の大規模プラントを持っている企業が競争力を発揮しやすい。分別が不要なため、分別コストもかからない。ドイツのＢＡＳＦ、サウジアラビアのＳＡＢＩＣ、アメリカのエクソンモービルなどがこの手法を手掛けている。

ただし、プラスチックをどれだけリサイクルしても、やはりリサイクル工程で電力や熱のエネルギーを消費してしまう。そのため、リサイクル工場で使う電力を再生可能エネルギーに切り替えたり、熱エネルギーについては廃熱やバイオガス焼却熱などに転換したりすることも必要となる。

プラスチックをリサイクルして再生プラスチックを生産する石油化学企業としては、顧客に対し「リサイクル性」を訴求してプラスチックのマーケティングに活かしたいが、見た目でも化学分析しても、再生プラスチックかバージンプラスチック（石油由来のプラスチック）

か見分けがつかない。そこで外部の認証機関が、工場での工程や原料の調達元などを審査し、リサイクル性を第三者証明するサービスの提供も始まっており、欧米企業では普及してきている。また、プラスチック素材そのものに、ブロックチェーン技術を活用した記録素材層を物理的に接着させる画期的な技術も開発され、ＢＡＳＦが先行して実装を進めようとしている。[45]

さらに、工場などで回収した二酸化炭素からプラスチック原料を生産する人工合成もすでに始まっている。アメリカのベンチャー企業LanzaTechは、回収した二酸化炭素や一酸化炭素から微生物発酵でエタノールを安価に生産する技術を持ち、プラスチックや香水原料を生産することに成功。すでにメーカーが大規模採用を決めている。このように回収した炭素を有効活用することを「カーボンリサイクル」とも呼び、炭素回収・利用・貯留（ＣＣＵＳ）のうち「利用」のポテンシャルが一気に開花してきている。回収した炭素を燃料として用いずに素材原料として活用すれば、大気中に二酸化炭素を排出しないまま資源循環が可能

45　BASF (2020) "BASF introduces innovative pilot blockchain project to improve circular economy and traceability of recycled plastics" https://www.basf.com/us/en/media/news-releases/2020/02/basf-introduces-innovative-pilot-blockchain-project-to-improve-c.html

となる。

プラスチックでは、リサイクル以外にも、植物由来のバイオプラスチックに原料を切り替えることで、温室効果ガス排出量を引き下げる方策も模索されている。従来型のプラスチックの原料が石油であり再生可能でない資源であるのに対し、植物から生成するバイオプラスチックは、栽培することで何度でも原料を生産できる。バイオプラスチックには、トウモロコシやサトウキビなどの「糖」を原料としたり、大豆油や亜麻仁油などの「油脂」を原料としたりするものもあるが、糖や油脂は重要な食物でもあるため、食料不足や飢餓に配慮する観点から忌避する向きもある。そのため最近では、植物の部位の中でも非可食部と呼ばれ、もともと廃棄されていたセルロース、ヘミセルロース、リグニンを原料とするバイオプラスチックの研究開発が熱を帯びている。

バイオ化学繊維の領域では、世界で初めて人工合成で構造たんぱく質素材「ブリュード・プロテイン」の量産化に成功した、山形県に本社を置く日本のベンチャー企業スパイバーが今、熱い。2020年にはバイオプラスチック事業を強化しているアメリカの穀物最大手ADMが102億円を出資した。スパイバーは、クモが糸を作り出すメカニズムから着想し、石油を使わずに高性能の合成繊維やプラスチックを製造できる技術を持つ。アメリカのアウトドア用品大手のノース・フェイスが、現在スパイバーの強力な開発パートナーとなっている。

7　セメント――二酸化炭素排出量を70％削減するコンクリート生産法

セメントも生産工程で二酸化炭素が大量に出てしまう素材だ。そのため、セメントを原料とし、水、砂、砕石、砂利を混ぜて作られるコンクリートも、同じ理由で二酸化炭素が大量に出てしまう。

セメントの生産で二酸化炭素が大量に出るのは、原料となるクリンカに原因がある。クリンカは、石灰石（$CaCO_3$）に熱と酸素を加えて焼成し、酸化カルシウム（CaO）と二酸化炭素（CO_2）に分解することで生産しており、この過程で二酸化炭素が出る。また、石灰石には、炭酸マグネシウム（$MgCO_3$）も一部含まれており、焼成することで、酸化マグネシウム（MgO）と二酸化炭素（CO_2）に分解するため、やはり二酸化炭素を発生させてしまう。

アメリカのベンチャー企業ソリディア・テクノロジーは、従来型よりも70％排出量の少ない製法でコンクリートを生産することに成功し、２０１９年から量産体制に入っている。この製法では、まずセメント生産に必要な石灰石の量を極限まで少なくすることで、排出量を30％削減。そのうえで、コンクリートの焼成時に、通常なら水を加えるところを、二酸化炭素を加えて反応を安定化させる技術を確立した。加えられた二酸化炭素はコンクリートの内部に閉じ込められるため、ネガティブエミッションの技術として活用することができる。これら2つの技術を組み合わせることで、全体の70％の排出量を削減できた。

ソリディア・テクノロジーは、閉じ込める二酸化炭素の量をさらに4倍にまで高められる可能性があると話しており、技術が完成するとカーボンネガティブ型（作れば作るほど大気中の二酸化炭素を削減できる）のコンクリート製造が実現する。[46]

8　紙・パルプ——他素材から紙製へのシフト

木材を原料とする紙や段ボールは、再生紙として使い続ければ、新たな森林伐採を減らすことができる。一方で製紙工場や再生紙工場では大量の熱エネルギーを消費するため、他の工場と同様に熱のカーボンニュートラル化が必要になる。

最近では、プラスチックストローを紙ストローに転換するような、他の素材から紙製へと切り替える動きもある。飲料メーカーも、紙パックや紙製ペットボトルへの切り替えの可能性を模索している。紙製を採用することは、プラスチックの消費量を減らし、原料となる石油需要も減らすことができるが、一方で紙素材の原料となるパルプ需要を増加させる。そのことから、単純にプラスチックから紙へ切り替えただけではカーボンニュートラルにはならず、原料となる森林資源量を維持あるいは増やせているかが重要なチェック事項となる。

9　冷媒——代替フロンからノンフロンへ

冷蔵庫や空調で使用される冷媒も、廃棄すると温室効果ガスとなる。冷媒とは、熱を温度の低いところから高いところへと移動させるときに使われる化学物質のことだ。自然界では普通、熱は温度の高いところから低いところへと移動するのだが、この冷媒のおかげで、夏の暑い日にも、温度の低い室内から温度の高い屋外へと熱を運んでくれている。こうしてわ

46　Solidia Technologies (2020) "Solidia Technologies Announces Possibility of Turning Concrete into a Carbon Sink for the Planet" https://assets.ctfassets.net/jv4d7wct8mc0/7uRDxhq1DqCEdNbZsQ3YNI/ed55aa82239ae706720b22b73dd31e0c/Solidia_TED_Carbon_Sink_Release_Final_10-15-2020.pdf

たしたちは、外部より涼しい部屋や良く冷えた冷蔵庫を実現している。

冷媒では、かつてはCFC（クロロフルオロカーボン）やHCFC（ハイドロクロロフルオロカーボン）が使われていたが、CFCとHCFCにオゾン層破壊効果があると指摘されると、国際条約で禁止されて使えなくなった。代わりに登場したのが、代替フロンと呼ばれるHFC（ハイドロフルオロカーボン）、PFC（パーフルオロカーボン）、SF6（六フッ化硫黄）だ。しかし今度は、HFC、PFC、SF6にはオゾン層破壊効果はないものの温室効果があることが判明し、温室効果ガスに指定された。そのため今度は代替フロンを段階的に廃止する国際条約が誕生した。

現在、冷媒では、HFCの代わりに、二酸化炭素、アンモニア、HFO（ハイドロフルオロオレフィン）を活用する研究が本格化しており、これらの冷媒を「ノンフロン」や「グリーン冷媒」と呼んだりしている。しかし依然としてコストが課題となっている。

そこで、HFCを大量に所有していたダイキン工業は、ノンフロンに切り替えるのではなく、HFCをきちんと回収し、再生HFCとして流通・販売する道を模索した。その結果、環境規制の厳しいEUにおいて、再生HFCを使用禁止対象から除外することに成功する。現在は「冷媒のサーキュラーエコノミー」と称して事業継続している。このダイキン工業の成功は、日本企業が国際的なルール形成を戦略的に進めた好事例として語られることが多い。

10　建物・不動産――超高層でも鉄筋コンクリート造から木造へ

使用時にエネルギーを消費する不動産では、エネルギーのカーボンニュートラルを実現しなければならない。この「不動産」は、住宅、マンション、オフィス、官公庁舎、店舗、物流センター、ホテル、スタジアム、港湾施設、空港、学校、病院など、あらゆる建物が対象となる。

建物でのカーボンニュートラルでは、電力エネルギーと熱エネルギーでの温室効果ガス排出量をネットゼロにしていくことになる。すでに建物では、LED電球に切り替えることで照明の電力消費量を少なくする努力が日本各地でおこなわれているが、それだけではネットゼロには程遠い。今後は、壁、窓、屋根、床などの断熱効果を高めたり、住宅設備を省エネ型に変えたりすることで、建物全体の省エネを極限まで徹底し、それでもネットゼロにできないエネルギーについては、再生可能エネルギー電力や再生可能エネルギー熱に転換しなければならない。

電力のネットゼロでは、屋上に太陽光発電パネルを設置したり、敷地内に風力発電を導入したり、地熱が豊富な地域では地熱発電を活用したりすることも必要になる。ただし、太陽光発電や風力発電は、時間帯によって発電量にばらつきが出てしまう。そのため太陽光発電では、晴天の昼間には需要以上に発電し外部に売電しつつ、夜間や天候不良時には外部から電気を購入することで、プラス・マイナス・ゼロの状態を実現することがネットゼロの実現方法となる。

電力の需給の不一致に対しては、各建物にバッテリーを設置することも一つの解決策となる。しかも、将来にはＥＶが普及して、ＥＶバッテリーに建物の予備電源としての機能を持たせたり、古くなったＥＶバッテリーを取り外して家用のバッテリーとして再利用したりすることも検討されている。

ガスについては、オール電化にすることでガスの消費量をゼロにするか、ガスを化石燃料由来のガスではなく植物や廃棄物由来のガスに替えられると、温室効果ガス排出量をネットゼロにしていける。さらには、ガス暖房が普及している欧米の地域では、ガスの代わりに地熱パイプライン活用や、工場廃熱の再利用が導入されている。このような化石燃料由来ではない熱エネルギーのことを、再生可能エネルギー熱という。

このようにして温室効果ガス排出量をネットゼロにできた住宅を「ZEH」（ゼッチ、ネット・ゼロ・エネルギー・ハウス）という。同様に、ネットゼロ型のビルは「ZEB」（ゼブ、ネット・ゼロ・エネルギー・ビル）という。

不動産の建設、改修、解体でのカーボンニュートラルも重要だ。特に不動産建設では、鉄筋や鉄骨などの鉄材やセメント、コンクリートの生産時に排出される二酸化炭素排出量が大きいため、前述のようにこれらの原料をカーボンニュートラル化していくことが必要になる。もしくは根本的に鉄筋コンクリート造を諦め、木造建築に転換することも選択肢となる。

実際に日本政府の『2050年カーボンニュートラルに伴うグリーン成長戦略』では、木造建築にも言及している。日本では、低層住宅では木造の割合が約8割と大きいが、住宅以外の建物や中高層建築物では鉄筋コンクリート造が9割を占める。そのため、非住宅・中高層建築物でも木造を普及させようと、新たな木製部材を活用した工法の普及や、これを担う設計者の育成が打ち出されている。また政府が範を示すため、2030年頃から国の公共調達では木造建築物を積極採用する姿勢も示した。

高層木造建築物では、もともと木造建築が普及していた日本で技術が発達してきている。すでにヒューリックは、銀座八丁目で地上12階・地下1階の高層木造ビルを2021年に竣工する計画を立て、竹中工務店が設計施工を担当している。その上をいく高層木造ビル構想を掲げているのが住友林業で、地上70階の超高層木造ビルを2041年頃に建設する「W350計画」を2018年に発表した。

建設だけでなく、改修・解体も含めたカーボンニュートラルを実現する動きも具体的に出てきている。EUは「サーキュラーエコノミー・アクションプラン」という政策を打ち出し、現在の政策の一環として、廃建材をすべてリサイクルし、新規の建物をリサイクル素材を混ぜて造っていくことを義務化しようとしている。これが実現すると、建設、使用、改修・解体の一連の不動産のライフサイクルを通じて、カーボンニュートラル、さらにはカーボンネガティブが実現できる。ライフサイクル全体でカーボンネガティブとなる住宅のことを、日本では「LCCM住宅」（ライフサイクルカーボンマイナス住宅）という。そして、大東建託が第1号案件として、日本初のLCCM賃貸住宅を埼玉県草加市に建設している。

11　食品・農業――食料増産の難易度が上がる時代にできること

食品・農業は、自然や動植物を相手にしている産業のため、一見、環境に優しい業界のように思うかもしれないが、実際には大量に温室効果ガスを排出しているので、抜本的な「産業転換」が必要となる。

まず、世界人口は現在の75億人から2050年には100億人にまで増加する。[47] さらに新興国や開発途上国では経済成長が進む。すると、今以上に食料増産が必要となるが、カーボンニュートラルを実現するためには、むしろ森林地を増やさなければいけないので、森林を農地に転換する形での食料増産ができなくなる。そのため今後の食料増産は、農地の拡大ではなく、収量の向上（面積あたりの生産量）で実現しなければならなくなる。これが1つ目の巨大な変化だ。

そのうえ、化学肥料も減らさなければいけなくなる。農地に散布した化学肥料は、放置す

47　UN Population Division (2019) "World Population Prospects 2019"

ると温室効果ガスの一つである一酸化二窒素になってしまうためだ。過去の農業では、収量を上げるためには肥料を撒くのが常識だったが、これからは化学肥料なしで収量増を実現しなければならない。これが２つ目の巨大な変化だ。実際にＥＵは農業政策「Farm to Fork」の中で、２０３０年までに化学肥料使用量を20％削減し、かわりにバイオ肥料を増やしていく目標を掲げている。日本の農林水産省も２０２１年に「みどりの食料システム戦略」の中で、化学肥料使用量を２０５０年までに30％削減していく方向性を打ち出した。

化学肥料を使わずに収量を上げる方法では、リジェネラティブ農業（再生農業）が広がりを見せている。リジェネラティブ農業は、農薬や化学肥料を使わず、土壌に炭素を蓄積するために農地を耕さない「不耕起栽培」で農業をおこなうという、かなり自然に配慮した農法だ。リジェネラティブ農業に一気にシフトしようとしている企業には、パタゴニア、スターバックス、ユニリーバ、マクドナルド、ウォルマート、ゼネラル・ミルズ、カーギル、グッチなどがある。グッチの名前がここにある理由は、ウール（羊毛）とレザー（皮革）のための家畜飼育に必要な牧草栽培をリジェネラティブ農業に転換しようとしているからだ。

だが、リジェネラティブ農業がいかなる地理的条件でも大幅収量増を実現できるようになるには、大きなイノベーションが必要となる。転換を図る各社は、農地で実証プロジェクトを営み、データを収集しながら、大学や基礎研究所との共同研究にも莫大な投資をしている。アメリカの農業・畜産業の業界団体U.S. Farmers & Ranchers in Action も、全米大豆基金財団の主導で、２０３５年までに従来の農業を大規模にリジェネラティブ農業に転換する目標を設定済みだ。[48]

このように今後の食料増産は従来とは比べものにならないくらい難易度が上がるため、増産の負荷を下げるためにも、極力、食料の需要側を抑制しなければならなくなる。第一には食品廃棄物の削減で、可食部である食品ロスを減らし「もったいない」をなくすだけでなく、非可食部ですら有効活用する、できれば食べられるようにする努力が必要になる。

ただ、ここまでしても需要の抑制は十分ではないと考えられている。次にターゲットになるのが、肉食から草食への変化だ。そこで、大豆肉などの代替肉の出番となる。たんぱく質が豊富な大豆は、そのまま食べれば人間の腹を満たすことができるが、牛の餌にして大豆を消費すると、そこで育てられた牛肉のたんぱく質の量は、餌にした大豆のたんぱく質の量の

48 U.S. Farmers & Ranchers in Action (2021) "U.S. Farmers and Ranchers in Action mobilizes tech and finance sectors to fulfill agriculture's potential as a climate solution"

わずか5％になってしまう。それであれば、大豆を加工して肉を生産する大豆肉のほうが、同じ大豆から大量の肉を生産できる。同じ理由で、豚肉、鶏肉、牛乳についても、植物由来の素材だけで同等の食品を作る研究を企業が急ピッチで進めている。

代替肉の分野では、アメリカのビヨンド・ミートとインポッシブル・フーズ、オランダのベジタリアンブッチャー、香港のオムニミート、台湾のベジファーム、日本のネクストミーツなど、ベンチャー企業がぞくぞくと現れてきている。マクドナルド、ケンタッキーフライドチキン、ピザハット、スターバックスなどは、一足早く海外では代替肉を使った商品メニューを導入済みだ。日本でもイオンやコンビニ各社で代替肉の販売が始まっている。

培養肉という代替策もある。培養肉は、家畜を飼育するのではなく、家畜の細胞だけを培養し、肉と同じ成分を生産する斬新な手法だ。すでにイスラエルの培養肉ベンチャーのアレフ・ファームズは、イスラエル工科大学生物医学工学部（テクニオン）と協働で、生細胞を3Dバイオプリンティング技術を活用して作製することで、培養肉ステーキの生産に成功している。食感、質感、見た目も完全に再現し、本物の厚切りステーキと同等の仕上がりになっているという。日本市場向けには三菱商事が販売権を得た。

農場で使うトラクターなどの農業機械の燃料も、バイオマス燃料に替えたり、電動化したりする必要が出てくる。また農業機械のカーボンニュートラルに加え、照明管理、温度管理、センサー、給排水などで必要となる電気も、すべてゼロエミッション電源にしなければならない。そのためには、工場廃熱や地熱、温泉廃熱を活用することも選択肢として入ってくる。アイスランドでは、極寒の地ながら、地熱を活用した温室栽培が一大産業となっており、地熱が豊富な日本でも同様の事業はこれから増えていくだろう。

他にも、稲わらなどの穀物の藁《わら》は、農場に放置しておくと雨が降った際に微生物が分解して、温室効果ガスの一つのメタンガスに変えてしまうため、藁管理も重要だ。特に開発途上国では藁は放置されたままになっていることが多く、対策が急務だ。

畜産にも影響が出る。肉から代替肉への移行の動きはすでに説明したが、それ以外にも家畜の排泄物は、放置して微生物が分解すると大量のメタンガスが出る。そのため、ハエやアブなどの昆虫を使って、排泄物を素早く分解し、昆虫の養分にしてしまうという解決策も注目されている。牛、羊、山羊《やぎ》、鹿、ラクダなどの反芻《はんすう》動物は、メタンガスを大量に含むげっぷを胃から出すため、これらを減らす必要も出てくる。げっぷ対策では、げっぷが出にくい成分を飼料に混ぜる研究が活発化し、その一つとして海藻の一種であるカギケノリの活用も始まっている。

漁業では、漁船や養殖場で消費するエネルギーの電動化や燃料電池駆動化、もしくは廃油等を活用した再生可能燃料への転換が必須となる。養殖場で散布される魚介類の餌も、現在は天然の小魚が主流だが、大豆やトウモロコシを混ぜるケースもある。しかし、大豆やトウモロコシの需要を抑制するために、魚の骨や皮なども含めた食品廃棄物で代替することも重要な施策となる。

12 ライフスタイル——サーキュラーエコノミーでの行動変革

ここまでみてきたように、産業の転換によって、今後「モノ」が大きく変わっていく。だが、それでもカーボンニュートラルを実現する上で残る課題が、人間の消費行動パターンだ。

生活者の観点では、当然だが、無駄をなくし、もったいない精神を尊重し、極力エネルギーや資源を使わないようにすることが最初のステップとなる。テレビの消し忘れをなくす、エアコンの設定温度を上げすぎたり下げすぎたりしない、不要な袋はもらわない、洋服や装飾品を長く使うなどはいずれも温室効果ガスの排出量を削減する。

また、産業の転換を支援するためにも、企業が努力して省エネ化している製品や、前項までで説明してきたような、カーボンニュートラル化努力を真剣におこなっている企業の製品・サービスを好んで購入するような生活者が増えれば、企業は喜ぶ。その喜びが企業のカーボンニュートラル転換をさらに進めていき、結果的に企業のカーボンニュートラル化そのものを推進する力となる。

その一環で、自宅の電気の契約先を、再生可能エネルギーの電源比率を上げようとしている小売電力会社に切り替えるのも非常に良いことだ。だが、日本の資源エネルギー庁の現行ルールに基づいて「CO2フリー電力」や「自然電力100％電力」「実質ゼロ排出量」とうたっている小売電力会社の電気が、実は再生可能エネルギーではないことが多いということは、あまり知られていない。特に日本政府が策定・運営している「非化石証書」というものを使って「CO2フリー電力」「自然電力100％電力」「実質ゼロ排出量」をうたっている小売電力会社は多いのだが、国際的にはこの証書の有効性は認められていない。たとえば、再生可能エネルギー100％での事業運営を推進している国際団体「RE100」は、非化石証書の活用は適格性を欠くとして認めていない。[49] そのため、うたい文句にだまされるのではなく、小売電力会社の電源構成を確認することがきわめて重要になっている。

そのうえで、産業界と生活者の双方が連携していくべき領域もある。それが「サーキュラーエコノミー（循環型経済）」と呼ばれる産業転換だ。これは「原材料を採って↓作って↓使って↓捨てる」という直線型経済（リニアエコノミー）から脱却し、一度採取した資源を捨てずに有効活用し続ける経済モデルに転換していくことを意味している[50]（図15）。

このうちまず生活者がとるべき行動は、使い終わったモノを無闇に捨てずに、極力メンテナンスして使い続けたり、リユース事業者やリファービッシュ（工場での再製品化）をしているメーカーに引き取ってもらったりすることで、モノとして使い続けられるフローにのせること。そして、今度はそれを事業者が修理やリサイクルをして再び製品や原料として使い続けていくことが求められる。素材のリサイクルについては、すでに鉄鋼、非鉄金属、石油化学、建物・不動産などの項目で説明したとおりだ。

また、このような行動変革を促すための方策では「ナッジ理論」という言葉が注目を集めている。ナッジは「ひじでつつく」という意味の英語だが、行動科学の用語で、ちょっとした工夫で自発的な行動変容を促す仕掛けのことを指す。非常に有名なナッジの例は、男性用の便器にハエの絵を描いたことで、男性がそのハエを的にして用を足すようになり、便器周辺が汚れなくなったというものだ。ナッジ理論は、提唱者であるシカゴ大学のリチャード・

［図15］サーキュラーエコノミー・ダイアグラム
（バタフライ・ダイアグラム）

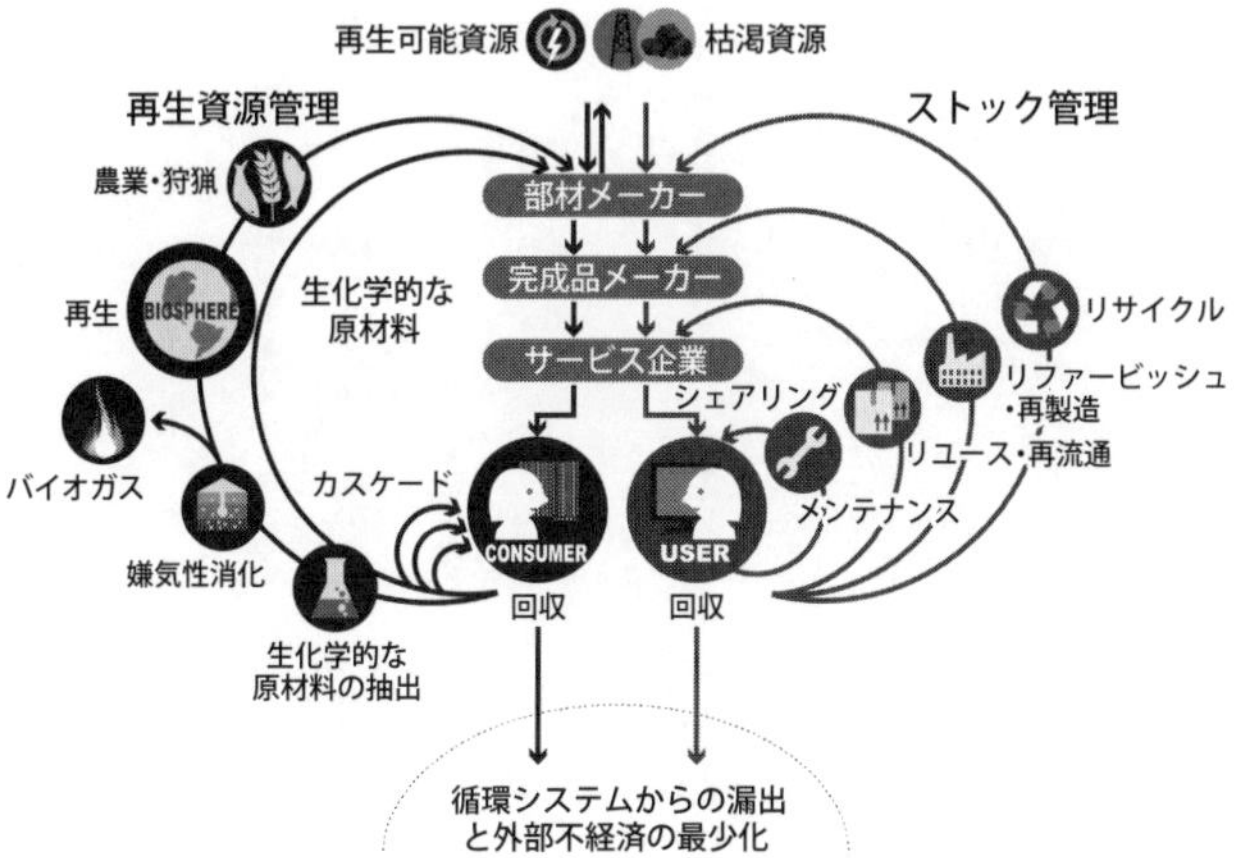

（出所）Ellen MacArthur Foundation “Circular Economy System Diagram” を基に著者和訳

セイラー教授が２０１７年にノーベル経済学賞を受賞したことで世界的に知られるようになった。

ナッジのポイントは、金銭的なインセンティブを必要としないことだ。人々の行動変化を促すためには、補助金を与えたり、ポイントを付与するなどの金銭的なインセンティブを付与することがこれまで一般的だったが、ナッジ理論が知られるようになったことで、ちょっとした工夫で行動変容を起こす方法を考案できるかもしれないと人々が発想するようになった。

13　製品ライフサイクルアセスメントという確認方法

ここまで説明してきたような脱炭素化・低炭素化技術については、新技術そのものだけをみていても本当に温室効果ガス排出量を減らせるかはわからない。たとえば、トイレに設置されているハンドドライヤーは、昔からあるペーパータオルに比べ紙を減らすことができるが、一方でハンドドライヤーを製造するときには別途排出量が増えるし、ドライヤー使用時には電気というエネルギーも必要になるので、使っている電気が発電される段階での排出量も確認しないと、ペーパータオルよりも本当に排出量を減らせるかはわからない。

イノベーションやビジネスモデルを転換したことで排出量を削減できたと主張する場合には、このように製品やサービス全体での排出量削減効果を検証する必要がある。このことを「ライフサイクルアセスメント」（LCA）といい、特に温室効果ガス排出量については「カーボンフットプリント測定」（CFP測定）という言い方もする。LCAは国際標準化機構（ISO）で国際規格化もされており、国際的な測定手法は確立している。

たとえば、タクシー配車アプリのUberは、利用者が1台の車を効率的にシェアすることで排出量を削減できることをメリットの一つとしていたが、実際には、人々が便利に感じ、電車や徒歩ではなくUberを多用するようになり、むしろ排出量が増えていることがわかった。[51] そこでUberは2030年までにアメリカ、カナダ、ヨーロッパのUberプラットフォームで配車する車両をすべてEVに切り替え、2040年までに世界全体での完全EV化を実現すると表明した。Uberはまた、EV車両生産時の温室効果ガス排出量を

49 ただし、RE100は「トラッキング付き非化石証書」は適格性を認めている。
50 Ellen MacArthur Foundation "Circular Economy System Diagram"
51 Union of Concerned Scientists (2020) "Ride-Hailing's Climate Risks"

大幅に削減するための企業連合「ＥＶ１００」にも加盟している。

第6章　カーボンニュートラルと地政学

カーボンニュートラルは、直接的には経済・金融のあり方を転換していくことではあるが、それに伴い、世界の各地域の経済バランスにも大きな変化を引き起こしていく。カーボンニュートラルで減衰する資源に政治経済を依存している地域では、政情不安を引き起こすリスクもある。他方、カーボンニュートラルをスムーズに達成できる地域では、経済繁栄の恩恵にあずかれるようになっていく。

1 ヨーロッパ――復権に向けイノベーションを強制

ヨーロッパは、一足早くカーボンニュートラルを掲げれば、産業競争力強化が実現できるはずだと腹をくくった地域だ。その中心にいるのはＥＵ（欧州連合）だが、ＥＵから離脱したイギリス政府も、２０５０年カーボンニュートラルを標榜している。しかも単なる政策目標ではなく、法定目標としたほうが政策を加速できると判断し、国会に法案を提出し、２０１９年６月に可決。ＥＵよりも先に、２０５０年カーボンニュートラルを法定目標化した先進国第１号となった。

ＥＵやイギリスの考え方はシンプルだ。気候変動による金融危機リスクが認識され、世界中で気候変動政策が強化されていくのであれば、時代の潮流を先取りしたイノベーションを実現できた企業が最終的に市場で勝つ。そのため政府としては世界で最も厳しい法規制を課し、企業がカーボンニュートラルのためのイノベーションを実現すべく、R＆D（研究開発）や設備投資をおこなうように仕向ければいい。同様に銀行、保険会社、年金基金などの金融機関にも、イノベーションに積極的な企業への投融資を拡大しなければならなくなるような規制を導入すればいい。EUやイギリス政府はこのように考えている。

EUは1997年の京都議定書から着実に気候変動政策と産業政策を結びつける地ならしを進め、リーマンショック後には、この考えを先鋭化させた。欧州企業にとって、イノベーションで気候変動時代を制覇するというコンセプトは、もう10年以上も大事にされてきたため、特に大企業では深く浸透している。

特に、EUでは2005年から自主的に二酸化炭素排出量取引制度（EU-ETS）を導入し、二酸化炭素排出量の多い業種の企業に対し排出量に応じて強制的に課金する制度を開始してからは、企業が自主的に製品生産時や発電時の二酸化炭素排出量を削減する方向へと大きく舵を切っていった。

EU-ETSは、各企業に年間の無料割当排出量を設定し、それより少なく抑えられれば余った排出量を市場で売却でき、一方超過した場合には強制的に市場で排出量を購入しなければならないという制度だ。2005年から2007年までのフェーズ1で、すでに発電、石油精製、製鉄、セメント、ガラス、パルプ・製紙、石灰・金属鉱石の焼結の業種が強制課金の対象となり、2008年から2012年までのフェーズ2では航空業界も対象となった。2013年から2020年までのフェーズ3ではほぼすべての化学産業が対象に加わり、そのうえで発電業種では年間の無料割当排出量がゼロになり、すべての排出量分が課金対象となった。年間の無料割当排出量は毎年減っていくのだが、2021年から2030年までのフェーズ4では無料割当排出量を毎年2・2%ずつ減らしたうえで、排出量市場価格を大幅に引き上げていく制度が進められている。

さらにEUは2019年に「欧州グリーンディール戦略」という政策大綱を発表。その中で、「EUタクソノミー」と呼ばれるリストを作成し、重点的な気候変動型イノベーション技術分野を定義したうえで、リストに適合する技術開発を進めている企業のみを「サステナブル」と呼ぶことを決めた。そして金融機関には、「サステナブル」企業に対する投融資の比率を測定し開示させる「サステナブルファイナンス開示規則（SFDR）」というルールの導入も決めた。

これらの政策のリスクは、企業が狙い通りにイノベーションに投資せず、EUの規制を嫌がって、EU域外に出ていってしまうことだ。それを防ぐためにEUは「国境炭素税」を導入するという考えを思いついた。国境炭素税は、EUのカーボンニュートラル規制よりも規制が緩いEU域外国からEU域内に輸入する際には相応の関税をかけるというルールだ。これによって、EUから脱出しようとする企業のモチベーションを封じ込めることにした。

これに成功したとしても、EUは輸出減少リスクという別のリスクもかかえる。企業がEU域内での消費分はEU域内での生産を続けたとしても、EU域外への輸出分についてはEU域内で生産することをやめ、EU域外に工場を移転してしまうかもしれない。するとEU域内の雇用が減る。そこでEUはこのリスクを回避するために、世界中の国に対し同様の規制をかけるよう政策協調を求めることに決めた。

EUの地政学上の武器は、加盟国が27ヵ国もあり、それだけで1国1票が原則の国際会議で27票分の影響力を行使できることだ。カーボンニュートラルではイギリスも賛同しているため1票増えて28票となる。またイギリスとフランスは旧植民地への政治的影響力をいまだに保持しているため、開発途上国の支持も得やすい。カーボンニュートラルは国連からの支持も得ているため、気候変動政策ではEUは国連主催の会議でも主導権を握れてしまう。

EUとイギリスは、新興国の経済台頭により20世紀後半から製造業が衰退した。そして今でもなんとか雇用を増やすために製造業を復活させようと目論んでいる。そこであえて規制を厳しくすることで、ヨーロッパ企業にイノベーションを半ば強制する手段に出ている。これに成功すれば、新興国台頭の21世紀においても「ヨーロッパの復権」が実現できると、EUとイギリスは目論んでいる。

実際に欧州の有力企業は、カーボンニュートラルで事業を大幅に伸ばしてきている。電力の分野では、風力発電技術を磨いたヨーロッパの電力会社では、ノルウェーのエクイノール、デンマークのオーステッド、スウェーデンのバッテンフォール、スペインのイベルドローラ、ドイツのRWEが海外進出を強力に展開している。特に洋上風力発電では、ヨーロッパの電力会社は大航海時代のように台湾、韓国を攻略し、現在、日本市場を開拓中だ。自動車でも、BMW、フォルクスワーゲン、ボルボ・カーズ、ジャガーなどはEVで市場を席巻した。シーメンス、カールスバーグ、ユニリーバ、ネスレ、ダノン、BASF、DSM、ミシュランなどは各業界でのグローバル大手として盤石な地位を築き、カーボンニュートラルに向けたアクションでも他の追随を許さない存在となった。これらの企業の恩恵を現地のサプライヤーやスタートアップ企業も享受しており、世界的なイノベーションの発生源となっている。

ＥＵにとってのもう一つの重要テーマは、大量の天然ガスをロシアから輸入していることからくる、エネルギーのロシア依存問題だ。再生可能エネルギーの普及によって天然ガスの輸入を減らしていくのは、ＥＵの政治的独立性を高めることにもつながる。これが実現できれば、ＥＵは、東欧、さらにはウクライナなどの旧ソ連地方への政治的影響力を拡大し、市場統合を後押しできるとみている。人口減少がこれから始まる西欧諸国にとって、東欧・旧ソ連はなんとしても確保したい市場と考えている。

2　中国――排出量削減と経済力強化が結びつけば恐ろしいほどの力に

カーボンニュートラルの潮流から大きな追い風を受けられる経済体制を築いてきたもう一つの地域が中国だ。中国は、巨大な内需市場があり、世界の他の国とは比較にならないほどの大量生産を得意としている。そのため、大量生産でコスト削減が可能になった製品については、世界に冠たる国際市場競争力を持っている。その中心的な製品が、半導体、太陽光発電パネル、液晶パネルだ。そして中国は、その培ったコスト競争力を武器に、一気に海外市場に攻めていく。すでに電子部品の世界では、品質や性能の面でも世界有数の技術力を誇る。

その中国が重要産業と位置付けているのが、太陽光発電パネル、電気自動車（EV）、電池（バッテリー）だ。太陽光発電パネルでは、世界市場シェア1位がジンコソーラー（晶科能源）、2位がトリナ・ソーラー（天合光能）、3位がJAソーラー（晶澳太陽能）で上位を独占し、3社で3割弱の世界シェアを握る。中国にはそれ以外にも太陽光発電パネルメーカーが林立しており、中国全体での市場シェアは7割を超える。

電気自動車でも、中国は世界のEV販売市場シェアの47％を誇る。[52] 今後、中国以外でもEVの製造が普及していくことで、中国のシェアは2040年には33％にまで下がっていくとみられているが、[53] むしろ中国のEVメーカーが国外に飛び出し、海外市場を席巻する状況もイメージされるようになった。中国のEVメーカーは、日本や欧米の自動車大手と提携し車両生産をおこなってきた中国の自動車大手だけでなく、比亜迪（BYD）や蔚来汽車（NIO）などの新興企業も上位に食い込んでいる。

風力発電の分野では、大型化が進み精密な調整力を必要とする洋上風力発電は、シーメンス、GE、ヴェスタスの欧米勢が依然として強い。しかし、細かい調整力が不要な陸上風力発電では、金風科技（ゴールドウィンド）、遠景能源（ENVISION）、明陽風電集団（Mingyang）などが、世界的に強い。今後、中国勢が大型化に成功させていくと、太陽光発電だけでなく風力発電でもメーカー覇権を握るようになる。

太陽光発電や風力発電、水力発電などが盛んな国で、今後有利な市場環境が生まれるのが、水素の分野だ。前述したように、今後の水素生産は、再生可能エネルギー電力での水電解で水素を得る「グリーン水素」がコスト観点で主力になるとみられている。そのとき再生可能エネルギー電源が大量にある国は、グリーン水素生産大国になることができる。

中国は実際にその地位を狙っており、大規模なグリーン水素プラントの建設を計画。燃料電池自動車（FCV）や水素還元製鉄の大型プロジェクトも発表してきている。中国はすでに世界の製鉄大国にもなっているため、水素還元製鉄を完成させると、世界経済に巨大な影響力を持つようになる。

一方で中国は、温室効果ガス排出量が世界最大の国でもあり、カーボンニュートラルを実

52　IEA (2020) “Global EV Outlook 2020”
53　BNEF (2020) “Electric Vehicle Outlook 2020”

現するために削減しなければならない排出量が最も多い国でもある。国内では、1990年から2020年にかけての経済発展で膨れ上がったエネルギー需要をまかなうために、石炭火力発電を何倍にも増やしてきた。さらに重工業での排出量増がこれに加わっている。

「中国でのカーボンニュートラルは絶対に実現しない。だから世界のカーボンニュートラルはありえない」。そう思われていた矢先、2020年に中国政府が日本に先立ち、国連総会の場でカーボンニュートラルを宣言した。期限は2060年だが、それでも、あの中国までもがカーボンニュートラルを言いだしたことに多くの人が驚いた。その後、中国企業からもレノボと京東物流（JD Logistics）は、いち早く2050年カーボンニュートラルを自主表明。さらには、中国石油化学大手の中国石油化工（シノペック）までもが2050年カーボンニュートラルを宣言している。

中国は、巨大な排出量削減という課題を内部に抱えつつも、カーボンニュートラル化で追い風を受ける産業構造を強化してきた。そのため、EUと同様に中国でも2011年から深圳、上海、北京、広東、天津、湖北、重慶、福建で二酸化炭素排出量取引制度が開始。発電や重工業への排出量課金が始まった。そして2021年2月からは中国全国版の排出量取引制度が導入された。これにより中国の総排出量の30％を占める企業に排出量課金が始まった。中国政府はEUで脱炭素イノベーションが大きく進んだことと同じ効果を中国内で期待している。

今後、ますます中国政府は、排出量削減と経済力強化を必ず結びつけてくるだろう。この双方の目的のピントが一致したときに、中国は恐ろしいほどの力を発揮するだろう。

そのカギを握るのが、中国がヨーロッパまでの陸路と海路での経済圏を創出しようとしている「一帯一路」政策だ。中国とヨーロッパの間にある国は基本的にすべて新興国・途上国のため、経済発展を通じて今後あらゆる需要が伸びてくる。中国がカーボンニュートラル型のイノベーションを先に完成させてしまえば、ドミノ倒しのように一帯一路の線上にある国にはメイド・イン・チャイナの技術が展開されていくだろう。すでに再生可能エネルギーやEV、社会インフラでは、一帯一路のメイド・イン・チャイナ化が進行している。

3　アメリカ――グリーンニューディール政策で中国を追い抜けるか

この中国の独壇場に待ったをかけようとしているのが、アメリカのバイデン政権だ。気候変動に懐疑的だったトランプ政権とは異なり、バイデン政権は世界で主流となっている気候変動危機派の立場を採っている。そして、気候変動は金融危機リスクを内包しているため、世界は必ずカーボンニュートラルへ向かうと確信している。だが、このままいけば中国が世界経済を支配し、アメリカの経済力が大きく損なわれてしまうとバイデン政権は考えている。

そこでバイデン政権が打ち出したのが「グリーンニューディール政策」だ。バイデン政権の主要経済政策は、中国が進めてきた再生可能エネルギー、ＥＶ、さらには水素エコノミーにキャッチアップし、早いうちに追い抜いてしまうことだ。これは１９５７年に当時のソ連がアメリカよりも先に人類初の人工衛星を打ち上げてしまった「スプートニク・ショック」と似ている。その後、米ソは「宇宙開発戦争」と呼ばれる競争時代に突入した。12年後の１９６９年にアメリカがアポロ11号で人類初の月面着陸を果たし、あのときはアメリカの勝利で終わった。

アメリカは経済大国ではあるが、政治的な足枷をはめられている。民主党と共和党が交互に政権を獲るため、一貫性のある長期的な経済政策が打ち出しづらい。また連邦政府と州政府の足並みは往々にしてそろわないため、規制を一つ作るにも膨大な時間がかかる。これが、アメリカがカーボンニュートラルという波になかなか乗れずにきた構造的な事情だ。

一方で、アメリカの最大の武器は、各業種で世界有数の企業を多数抱える産業界の力と、世界の資本市場の半分を占める資本力だ。産業と資本が一体となって動きを始めると、「政治的不安定性」というデメリットを十分に払拭するだけの推進力をアメリカは得ることができる。

アメリカ企業と機関投資家は、トランプ政権のときですら民主党が多数派の州や市とタッグを組み、「We Are Still In」という業界横断キャンペーンを展開。カーボンニュートラルに向けた経済転換での結束を強めてきた。そして、バイデン政権に移行した直後の2021年2月には、企業、州・市政府、機関投資家、大学、NGOなどの1700機関が「America is All In」という団体を発足させた。この1700機関のうち、企業が1100以上を占める。

「America is All In」の加盟企業は、グーグル、マイクロソフト、アマゾン、フェイスブック、アップル、ウォルマート、3M、ダウ、デュポン、GAP、NIKE、リーバイ・ストラウス、スターバックス、マクドナルド、コカ・コーラ・カンパニー、ペプシコ、ゼネラル・ミルズ、モンデリーズ・インターナショナル、ケロッグ、カーギル、マース、インテル、デル、ジョンソン・エンド・ジョンソンなど、ビッグネームのオンパレードだ。企業と資本の足並みは揃いつつある。

さらにバイデン政権の大きな特徴は、気候変動政策を環境政策や産業政策のレベルだけでなく、外交政策や安全保障政策のレベルにまで広げたことにある。バイデン大統領は2021年1月の就任直後に気候変動担当大統領特使のポジションを新設し、特使はアメリカの安全保障政策を司る国家安全保障会議の委員にもなった。閣僚級の国家情報長官には、気候変動が安全保障に与える影響を分析した「国家情報評価」レポートの作成も命じた。3月には国防総省の中に「気候ワーキンググループ」が設けられ、軍備とエネルギーの両面で、新技術の開発や軍備戦略の見直しをおこなうことも決めている。同盟国に対しても、カーボンニュートラルを進めるとともに、アメリカの政策に同調するよう要求している。

もはやバイデン政権では、カーボンニュートラルは進めるべきか否かという議論の次元ではなく、すべての政策がカーボンニュートラルを進めることを前提としたものに置き換わっている。アメリカは今後、アポロ計画のときと同じように、カーボンニュートラルで中国を逆転できるのか。実現できれば、再びアメリカの政治力は大きく復権し、地政学上の影響力を手にしていくことができる。

4 中東――脱化石燃料化で現実視される政情不安

世界がカーボンニュートラルへと進み、脱化石燃料化が進むと、地政学が大きく変わるのが中東だ。サウジアラビア、UAE、イラク、イラン、カタール、クウェートなどは、石油や天然ガスで国家財政を賄い、国富の施しという形で国民にその資金をばら撒いてきた。そうすることで、民族や宗教による政情不安を抑え込み、国としての統一性を保ってきた。

しかし今後、石油と天然ガスの需要が急落し、国家収入が落ち込むようなことになれば、政情安定のサイクルは逆回転を始める。市民の生活は悪化し、暗いムードに包まれた国民は、民族や宗教を理由とした憎悪を暴発させかねない。すでに中東から北アフリカにかけては、2010年頃からの「アラブの春」運動で、政治的基盤がぐらついている。今でもシリアやイエメンで続いている内戦状態が他の国にも飛び火しないか警戒感が高まっている。そのうえ国家財政が揺らげば、中東は一層、政治的に不安定になる。

こうした状況で、中東の産油国では、国家財政の要となる虎の子のオイルマネーの資産運用で、気候変動の影響を考慮する動きを始めている。中東産油国や、それ以外の産油国の政府系投資ファンドが集まる「ソブリン・ウェルス・ファンド国際フォーラム」の調査では、93％のファンドが気候変動は投資機会と投資リスクに影響を与えると回答した。[54] すでに再生可能エネルギーや省エネプロジェクト、EV、鉄道交通等に積極投資してきていることもわかった。産油国も石油・天然ガス以外からの収益源を増やすため、気候変動で追い風を受ける分野への投資を増やしているのだ。

中東で地政学的な政情不安が発生すると、影響はすぐにヨーロッパに伝播する。アラブの春のときのように、中東・北アフリカ難民は、トルコや地中海を経由して、再びヨーロッパを目指し始めるだろう。そうなれば、ヨーロッパでは難民をめぐる政治問題が再び巻き起こり、EU離脱運動や極右化が頭をもたげてくる。

この最悪の状況を防ぐためには、EUはなんとしてでも中東の政情不安を避けながら、カーボンニュートラルを実現しなければならない。しかしEUだけですべてを支えることはできないため、世界全体で協調しながらカーボンニュートラルを実現しようと国際会議をリードするスタンスを採っている。

5 激化する国家間競争

カーボンニュートラルに向かうための産業転換には、企業のイノベーションやビジネスモデルの転換、都市インフラの脱炭素化に向け、今後、莫大な資金が必要となる。政府関係者や国際機関、エコノミストが集うシンクタンク「経済と気候のグローバル委員会」の分析プロジェクト「ニュー・クライメート・エコノミー（NCE）[55]」によると、2030年までに必要な資金は世界全体で90兆ドル（約9900兆円）にも上る。特に開発途上国では、1ドルの災害対策インフラ投資に対し、4ドルの経済効果が得られ、投資対効果は4倍にもなるという[56]。

実際に各国政府は、これらの資金を供給する政策を進めてきている。アメリカのバイデン政権は4年間で220兆円の「米国雇用プラン」という政策を打ち出し、その大半をカーボ

---

54 IFSWF (2021) "Mighty oaks from little acorns grow: Sovereign wealth funds' progress on climate change"
55 New Climate Economy (2014) "Better growth, better climate"
56 World Bank & GFDRR (2019) "Lifelines: The Resilient Infrastructure Opportunity"

ンニュートラルのための電源転換、交通・送電インフラ、不動産修繕等に充てる考えを示した。EUも「欧州グリーンディール政策」を掲げ、7年間で230兆円の予算を確保した。イギリス政府もカーボンニュートラルのための「テン・ポイント・プラン」の中で、2030年までに1・8兆円の政府歳出を表明している。これらの資金は、各国での産業強化を目的とし、カーボンニュートラル、経済成長、雇用創出を同時に叶えることを意図している。同じ文脈で、日本でも経済産業省が産業界向けに2兆円のグリーン・イノベーション・ファンドを用意した。

だが、2030年までに世界全体で必要となる9900兆円の資金をまかなうには、政府の予算だけではまったく不足しているのが実情だ。そこで、各国政府は、3京円にも上る民間資金に目をつけている。特に、気候変動への関心が高まっている機関投資家が3京円のうちの1京円の資金を持っており、この資金を呼びこむことができれば、国内経済に対し膨大な必要資金を供給することができる。

そこで、各国政府は、気候変動に積極的という「シグナル」を機関投資家に向けて発信するため、「2050年カーボンニュートラル」や2030年の二酸化炭素排出量削減目標の引き上げという策に出た。2021年にバイデン政権が発足してわずか4ヵ月後に米政府が

［図16］日米欧英の2030年削減目標

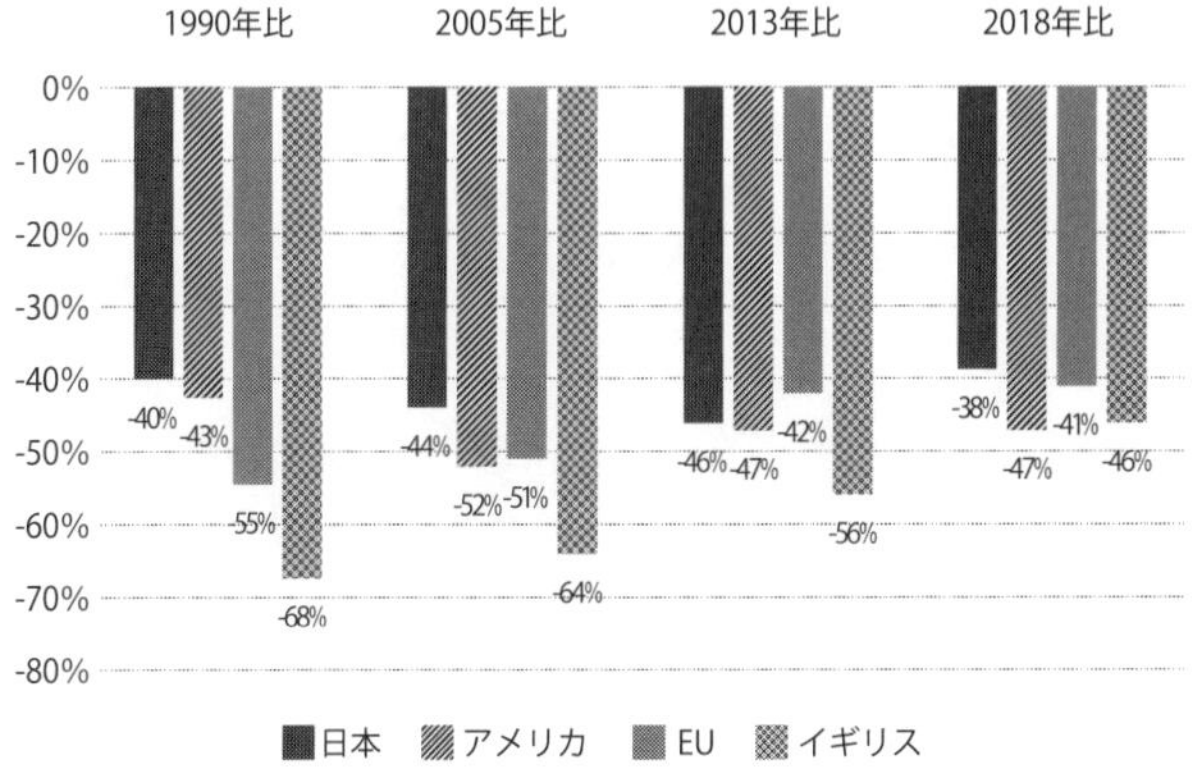

主催した「気候リーダーズ・サミット」の直前には、アメリカ、ＥＵ、イギリス、日本から２０３０年の削減目標の引き上げが発表された（図16）。目標設定に際しては、実際には、機関投資家へのアピールのためには野心的な高い目標を掲げたいという思いと、打撃を受ける産業界からの積極的な目標引き下げロビー活動との間で、各国政府は板挟み状態にある。結果として、目標水準の差は、各国政権の政治的リーダーシップの差を反映しているとも言える。

　また、新興国や開発途上国への政治的影響力を確保するための動きも活発化している。欧米の影響力が歴史的に確立しているアフリカや中南米と異なり、地政学を巡る争いが最も熾烈を極めているのがアジア太平洋地域だ。日本、アメリカ、中国の3ヵ国が鎬を削っている。日本政府は、アジア太平洋地域諸国への支援で中国に勝つため、アメリカ政府からの連携協力をとりつけることに躍起になっている。一方、アメリカは、日本だけでなく、すでにアジア太平洋地域に強大な政治力をみせつけてきている中国との協力関係も不可欠とみており、米中が協力した形での支援体制構築を図っている。それに加えて、EUまでもがアジア太平洋地域の勢力争いに割って入ろうとしている。この情勢において、当事者であるASEANや南アジアの国々の政権の判断が、最終的な帰趨を決することになる。

おわりに　資本主義の未来と日本

日本はこれからどうなっていくのか。もっといえば、日本政府、日本の各自治体、日本企業、日本国民、日本の市民社会は、この激流の時代をどう乗り越えていけるのか。

わたしは前著『ＥＳＧ思考』の中で、経済認識の4分類モデルというものを提示した（図17）。この4分類それぞれへのメッセージをもって、本書を締めくくってみよう。

ニュー資本主義

ニュー資本主義は、自然環境や社会情勢が悪化している昨今の状況を見つめつつ、それでも人類に健康、安全、幸福をもたらすため、環境・社会へのインパクトと持続可能な経済成長を両立させようという考え方だ。ポイントは持続可能な経済成長で、この点が短期的成長や短期的利益のみを追求し、社会や自然環境を荒廃させてきた従来型の資本主義観とは大きく異なっている。

カーボンニュートラルの文脈では、ニュー資本主義は、まさに「デカップリング」を志向する考え方となる。気候変動を抑制するためにカーボンニュートラルを掲げながら、同時に経済成長も追求するというものだ。本書でも伝えてきたが、国連、国際環境NGO、各国の金融当局、機関投資家、産業界も、2010年頃からニュー資本主義の立場を鮮明にしてきている。

日本でも、菅首相の2020年10月の所信表明演説、そして経団連の2020年12月の提言「2050年カーボンニュートラル実現に向けて」は、「経済と環境の好循環」という表現を用いており、2020年後半から日本の政府と産業界はようやく本格的にデカップリングに舵《かじ》を切った。

ニュー資本主義の時代には、ほぼすべての業種で、カーボンニュートラルを実現するための大幅な技術イノベーションやビジネスモデルの転換が必要となってくる。しかし、この変化の速度について、エネルギー問題を所管する国際エネルギー機関（IEA）は2021年に、日本のエネルギー政策の転換の遅さに苦言を呈する報告書を発表した[57]。低炭素技術の導入、規制障壁の撤廃、エネルギー市場の競争環境の向上がなければ、カーボンニュートラルは実現できないとの見方を示している。

[図17] 夫馬の経済認識4分類モデル

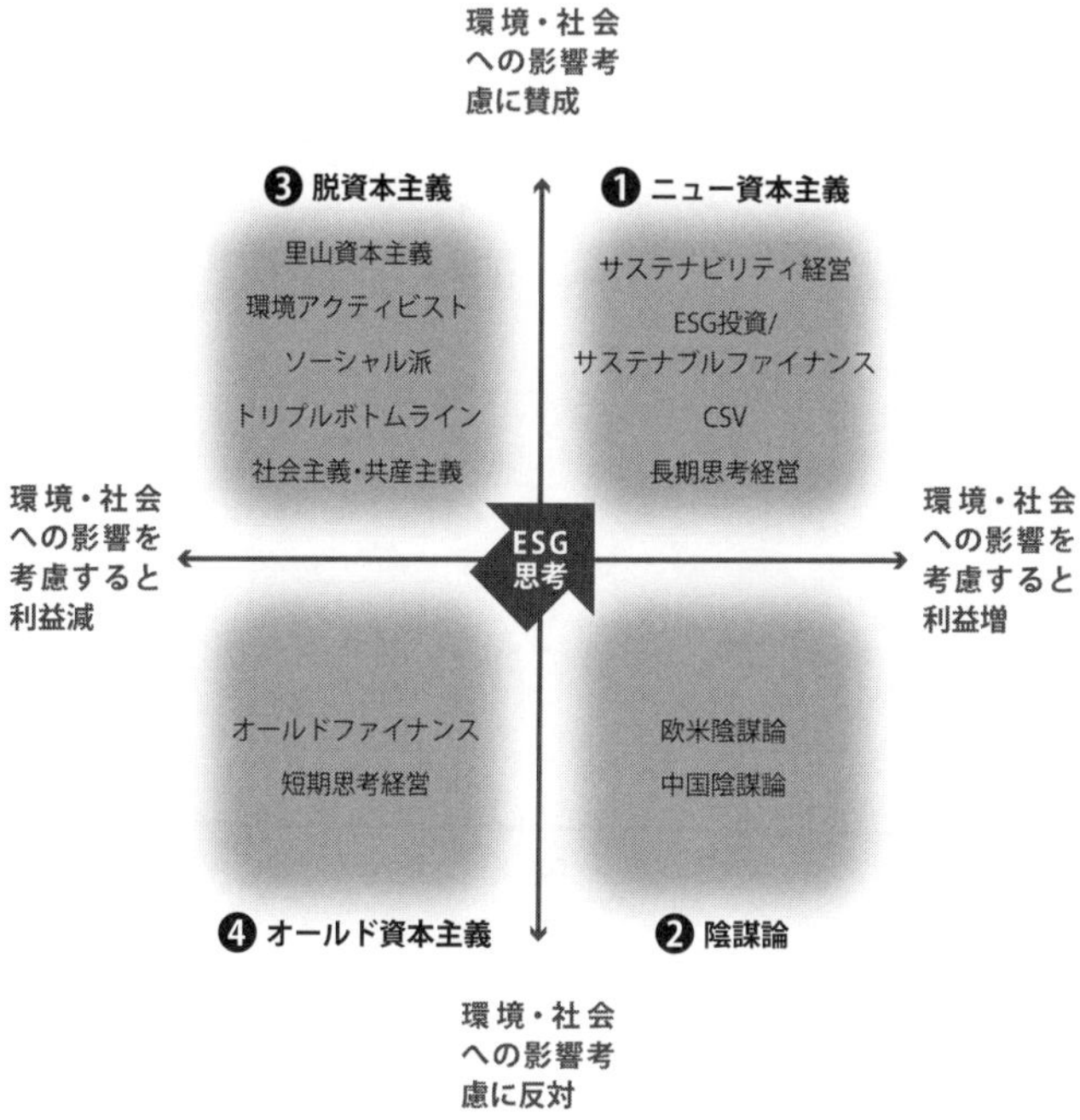

（出所）夫馬賢治『ESG 思考』（講談社＋α新書）

技術イノベーションやカーボンニュートラルに必要なものとして、ここでは3つの要点を提示しよう。まずは、先を見据えたイノベーション分野の設定。日本の官民では、ハイブリッド車の扱い、プラスチック・リサイクルの方向性、電源構成目標、水素の生産方法について、いまだに確たる統一見解を定めることができていない。これでは他国以上の速度で産業転換を図ることはできないだろう。

2つ目の要点は、大胆なグローバル市場展開構想。中国は大量生産によるコスト競争力に大きな強みを持つ。さらに欧米のグローバル企業は、そもそも国内市場だけではなく、グローバル市場を視野に入れているため、やはりコスト競争力に優れている。それに対し日本企業が、市場が縮小していく日本国内のみを見据えた戦略を描いていては、必ずコスト競争力で負けてしまう。日本は中国のコスト競争力に関しては地政学的な防衛戦を国際協調で敷いていくことで、中国の海外市場進出に歯止めをかけようとしている。しかし仮に中国製品や中国の技術が日本を席巻することを防げたとしても、そのスキに欧米もしくは他の新興国からのイノベーション攻勢により、日本企業が敗北するおそれもある。

3つ目の要点は、金融機関と投資家との連携。急速な産業転換には必ず資金が必要となるが、経団連も伝えているように、財政難の日本政府にはもはや産業転換を支えるだけの資金力がない。頼みの綱は融資銀行であり、株主であり、社債債権者だ。今、気候変動による金融危機リスクへの懸念を感じながらＥＳＧ投資やサステナブルファイナンスに傾斜している金融機関や投資家は、企業にとって重要な資金の出し手となる。しかし、企業が「先を見据えたイノベーション分野の設定」と「グローバル市場展開構想」を示してくれなければ、金融機関や投資家は安心して積極的に投資することができなくなってしまう。そのため、これらの３つの要点は相互に関係している。

また、ニュー資本主義の状況で、大企業が長期的にカーボンニュートラルを追求するようになると、大企業が不当に市場を独占しようとし、経済構造が歪んでいく可能性も出てくる。そこには具体的には３つのリスクがある。まず市場寡占や下請いじめなど競争法上の不当行為。これらを日本の独占禁止法では「優越的地位の濫用」と呼ぶ。２つ目は、政治献金などを通じて不当に政治に影響力を行使し、大企業に有利な市場環境を創り出していくこと。３つ目は、グローバルな企業体制を悪用し、租税回避を追求することで、国内で努力している中小企業が不利になっていくこと。

57　IEA (2021) "Japan 2021 : Energy Policy Review"

これら3つのリスクはすでに投資家も認識している。そのため、これらの状況に陥らないように、投資家は企業に対し、競争法上の対応方針や行政処分結果、政治献金の献金先と金額、納税方針と各国での納税額の3つについて、時価総額の大きい上場企業から段階的に情報開示を要求するようになってきている。[58]

陰謀論

陰謀論は、カーボンニュートラルの動きを「誰かの陰謀」とみる見方だ。なかには、気候変動そのものを否定する勢力までもがいる。陰謀論では、カーボンニュートラルの動きは、欧米や中国が仕掛けた「まやかしの誘い文句」であり、決して海外の流れに追随してはならないと主張したりもしている。最近では「国連は中国に乗っ取られている」説の論者も増えてきたことで、国連が気候変動危機を主張するのであれば、それは信じてはいけないという声まである。

だが、気候変動を否定したり、気候変動による経済影響を過小評価したりする科学者は、国際的に見てもかなりの少数派だ。もちろん科学は多数決で決まるものではないが、陰謀論の人たちは、自分たちが拠って立つ科学的根拠は決して盤石ではないことを認識しておくべきだろう。

陰謀論者の中には、国際的な陰謀から日本を守るためには、日本政府が巨額の資金を日本企業に投じ、日本の技術開発を全面的に支援することで、国内生産を保護し、海外輸出を支援すべきだと主張する人もいる。しかし、日本も加盟しているＷＴＯ（世界貿易機関）の協定では、特定の業種や特定の企業を対象とした輸出補助金および国内産品優先使用補助金は、明確に禁止補助金として指定されている。以前は、研究開発補助金と環境補助金に関しては、規制の対象外として明確に容認されていたが、この規定は１９９９年に失効し、同様に輸出や国内産品優先使用を目的とするならば禁止されることとなった。この禁止規定に違反した場合、海外政府からＷＴＯ訴訟を起こされ、敗訴すれば規定を撤回するよう迫られたり、対抗措置を打たれたりする可能性もある。

これらの禁止規定は開発途上国には適用されないが、先進国においては、ＷＴＯ協定を考慮した補助金を実施しなければならなくなっている。たとえば、国内消費のための国内生産

58　情報開示を企業に求める役割は、ＭＳＣＩやサステイナリティクスなどのＥＳＧ評価機関が担っている。また近年では機関投資家自身も結束し、株主総会で情報開示を義務化する決議をおこなう事例も出てきている。

に対する補助金は容認されているが、日系企業の国内生産と外資系企業の国内生産は区別してはならない。また、たとえば電気自動車購入補助金を出す場合、トヨタ自動車などの日本企業が製造した自動車と、中国企業が日本で製造する自動車を区別することが禁止されている。さらに、日本企業の研究開発や製造に補助金を出したことで、輸入品にデメリットがある場合も、WTOで違法性補助金と判断される可能性もある。

このように各国の補助金は、「自国企業」（実際には定義は難しいが）だけを保護することが難しくなっており、たとえばEUの補助金は日本企業が申請しても通常認められるようになっている。一方、日本では「日本企業のための補助金」「日本の技術のための補助金」という言論が非常に多いが、その色を強めれば強めるほどWTO協定違反のおそれが出てくることを知っておく必要がある。

それでも、カーボンニュートラルという国際潮流やWTOという国際ルールに背を向け、日本独自の考え方や理想を貫く方法がないわけではない。パリ協定やWTOから離脱をすれば、日本は国際的な潮流からもルールからも解放されることになる。実際に日本は昭和の時代に、国際的な動きに反発し、独自路線を貫いて開戦し、最終的に失敗して国際的なルールに復帰したという苦い歴史もある。

もし日本が、欧米主導の国際協調に背を向けたとき、グローバリゼーションに反発し、欧米諸国と敵対している国々はおそらく味方になってくれるだろう。しかし、現在、アメリカとEUの双方から通商関係を断絶されたり、制裁を課されたりしている国は、北朝鮮、イラン、シリア、ベネズエラなどだ。この路線ではたして日本は本当に救われるだろうか。

陰謀論者はわたしたちをどこに導こうとしているのか、いまいち釈然としない。感情論で反発しても、明確なゴールが描けない限り、その道がいいと判断することは、本来は難しいはずだ。

脱資本主義

脱資本主義は、デカップリングを否定する考えだ。カーボンニュートラルをしながら経済成長を実現することなどは不可能で、利益のみを追求するという行動原理が宿命の企業や投資家が本気で気候変動対策を進めることなどありえないと考える。

しかし、本書の中でも示したように、デカップリングが可能だと最初に強く提示したのは、企業や投資家ではなく、国連と環境NGOだった。企業と投資家はむしろ、デカップリングが可能だと国連と環境NGOによって説得されたのだ。企業と投資家は、今や強くそれを確信するに至り、現在はニュー資本主義に移行している。

脱資本主義によると、資本主義を形成しているのは大企業と、謎の「グローバル金融資本」という勢力のようで、彼らを葬り去り牧歌的な社会システムに回帰すれば、気候変動は止まることになっている。だがその根拠は明白ではない。脱資本主義を実現すれば温室効果ガス排出量が削減できるとする論者には、デカップリングは不可能ということの実証とともに、資本主義的な金融の流れが止まれば温室効果ガス排出量が削減できることについての論理的説明と実証が求められる。さらに、第3章で示したように、脱資本主義が引き起こす傾向にある自由権の抑圧についても十分に考慮する必要がある。

実際問題として、国連や各国政府がカーボンニュートラルを実現するにあたって懸念しているのは、大企業ではなく中小企業のほうだ。大企業は資金調達力が高いため、カーボンニュートラルを達成するための技術イノベーションやビジネスモデル転換について、自力で敢行できる。だが、中小企業の場合は、経営資源に限りがあるため、長期的な展望を見据えた大胆な事業転換を起こしづらい。

このことは日本でも顕著に表れている。たとえば、日本政府はカーボンニュートラルを積極的に進める企業を政策的に支援するため、カーボンプライシング制度の導入を検討している。カーボンプライシングには、特定資源税（特定の化石燃料由来の製品に課税する）、炭素税（排出量に応じて課税する）、二酸化炭素排出量取引制度（各社に排出量上限を設定し、下限を下回った場合には余剰分の排出量販売権を、上限を上回った場合には超過分の排出量購入義務を課す）などの複数の選択肢がある。

これに対し、カーボンプライシングの議論が始まった2021年1月のタイミングで、大企業中心の経団連の中西宏明会長は「カーボンプライシングを拒否するところから出発すべきではない」と前向きな姿勢を表明する。一方で、中堅企業中心の経済同友会の櫻田謙悟代表幹事は「カーボンプライシングを社会が受容するか、大きなハードルがある」、同じく中小企業中心の日本商工会議所の三村明夫会頭からは「国際的にみても割高なエネルギーコストを負担し、高止まりする電力料金が経営に影響を及ぼす」と明確に反対姿勢を示した。[59] やはり中小企業のほうがカーボンニュートラルのハードルは高いのだ。

脱資本主義では、大企業がカーボンニュートラルを阻む諸悪の根源とみている人が多い

59　サンケイビズ（2021）〝カーボンプライシング、経済界に賛否　経団連会長「拒否せず」に波紋〟
https://www.sankeibiz.jp/macro/news/210117/mca2101171947003-n1.htm

が、実際には中小企業のほうが抵抗感は強いということを認識しておく必要があるだろう。

オールド資本主義

オールド資本主義は、昔ながらの経済認識で、「カーボンニュートラルは経済を悪化させるからやらないほうがいい」というものだ。ニュー資本主義と脱資本主義の双方は現状からの転換を推奨するのに対し、オールド資本主義と陰謀論は、日本企業はカーボンニュートラルを進めることなく、現状維持でいいと説く。

そして、オールド資本主義と陰謀論の違いは、陰謀論は「欧米や中国の口車に乗せられるな」と考えるのに対し、オールド資本主義は「カーボンニュートラルは経済成長を止めてしまうから、最終的に世界中のどの企業も政府も本気にはならないだろう」と考える。

だが、オールド資本主義の主張は、往々にして、気候変動がもたらす外部的な経済ダメージを考慮していないことが多い。自然災害の増加、海面上昇、食料価格の高騰、感染症リスクの増大、金融危機リスクなどを考慮しても、それでもなお「カーボンニュートラルを実現しないほうが経済成長できる」というのであれば、気候変動がもたらす経済ダメージの各々についての反論が必要になってくる。

そして、オールド資本主義が考えるように、「どの企業も政府も本気になどならない」とはいかず、他の多くの国が宣言どおりにカーボンニュートラルを進めてしまったときのリスクも考えなければならない。

たとえば、諸外国で石炭、石油、天然ガスの採掘量が減少した場合に、日本は今のようなエネルギー資源依存型の経済をどのようにして将来維持できるのか。諸外国が国境炭素税を導入した場合に、日本は海外輸出を諦めていくのか。日本は国内市場縮小の中で海外進出に不利な状況を自らつくり出していっていいのか。他の先進国と歩調を合わせず反発姿勢を強めた場合に、日本の安全保障は担保されるのか。国際的なブランディングを放棄しても日本は大丈夫なのか。日本に賛同してくれる国はどこなのか。海外の機関投資家から株式を売却され、日本が世界の金融市場から孤立していったときに、日本の金融システムは回るのか。

現状維持は、未知の世界に飛び出さなくてもいいので、心地よく、安心感もある。だが、変化の激しい時代に、現状にしがみついていて、本当にいいのだろうか。日本では幕末に革命を起こし、維新を選択し、江戸時代から明治時代へと時代が移っていった。わたしたちは、あのとき変化を諦め、幕藩体制や鎖国令、不平等な身分制度やジェンダー慣習の維持を選択していたほうがよかったのだろうか。

急激な変革を避ける現状維持思想は、短期的には既存の産業の延命策にはなりうる。ただし、短期的な効用を優先しすぎれば、大局観を誤り、長期的には企業体そのものを滅ぼしてしまう。そしてそれが地域の雇用にも破壊的な大きなダメージを与える。

わたしたちは、いやがおうでも、カーボンニュートラルという新しい時代の中で生きていくことになる。この状況にどのような経済認識でいくのか。本書が、いま一度皆さんが考えるきっかけになれば幸いだ。

夫馬賢治

株式会社ニューラルCEO。サステナビリティ経営・ESG投資コンサルティング会社を2013年に創業し現職。ニュースサイト「Sustainable Japan」編集長。環境省、農林水産省、厚生労働省のESG関連有識者委員。Jリーグ特任理事。国内外のテレビ、ラジオ、新聞でESGや気候変動の解説担当。全国での講演も多数。ハーバード大学大学院サステナビリティ専攻修士。サンダーバードグローバル経営大学院MBA。東京大学教養学部卒。著書『ESG思考　激変資本主義1990-2020、経営者も投資家もここまで変わった』（講談社+α新書）、『データでわかる2030年地球のすがた』（日本経済新聞出版）他

講談社+α《プラスアルファ》新書 827-2 C

超入門《ちょうにゅうもん》カーボンニュートラル

夫馬賢治《ふまけんじ》

2021年5月19日第1刷発行
2021年9月22日第4刷発行

発行者——鈴木章一

発行所——株式会社 講談社
東京都文京区音羽2-12-21 〒112-8001
電話 編集(03)5395-3522
販売(03)5395-4415
業務(03)5395-3615

デザイン——鈴木成一デザイン室

カバー印刷——共同印刷株式会社

印刷——豊国印刷株式会社

製本——牧製本印刷株式会社

本文図版——ワークスプレス株式会社

KODANSHA

ISBN978-4-06-523504-1